中国蛇类图鉴 下

SINOOPHIS

黄 松 / 主编

海峡出版发行集团
海峡书局

/ 游蛇科 Colubridae
瘦蛇属 *Ahaetulla* Link, 1807

绿瘦蛇

Ahaetulla prasina (Boie, 1827)

鹤蛇、大蓝鞭蛇、瘦绿蛇 •
Asian vine snake, Oriental whip snake •

　　中小型树栖后沟牙类毒蛇。体细长如鞭，尾甚长且细，适于树栖攀缘。头窄长，与颈区分明显，吻端略圆且平扁，超出下颌。眼大，瞳孔呈1条横缝，眼前后各具1个浅凹槽。通身背面鲜绿色、棕黄色或蓝绿色，差异较大。腹面色浅，腹鳞和尾下鳞具侧棱，侧棱白色、黄色或绿色，形成2条细纵纹。受惊扰时，身体前1/3侧扁膨胀，皮肤和鳞缘的白色、黑色、黄色斑点暴露，身体向后回缩呈"S"形，形成攻击姿势。

　　国内分布于西藏、云南、贵州、广西、广东、香港、福建、湖南。国外分布于印度尼西亚、菲律宾、马来西亚、文莱、新加坡、泰国、柬埔寨、越南、老挝、缅甸、孟加拉国、印度、不丹。

① 吻端平扁，瞳孔呈1条横缝 / 产地广东　　② 身体侧扁膨胀，可见皮肤和鳞缘的白色、黑色、黄色斑点 / 产地广东

③ 身体弯曲呈"S"形 / 产地广东

④ 体、尾细长 / 产地广东

⑤ 腹鳞具侧棱 / 产地广东

⑥ 产地广东

⑦ 产地广东

⑧ 幼体 / 产地广东　　　　　⑭ 侧棱绿色 / 产地广东

⑨ 幼体 / 产地广东　　　　　⑮ 背鳞斜列 / 产地广东

⑩ 吃蜥蜴 / 产地云南　　　　⑯ 侧棱黄色 / 产地福建

⑪ 棕黄色个体 / 产地云南　　⑰ 产地云南

⑫ 产地云南　　　　　　　　⑱ 吃壁虎 / 产地不详

⑬ 产地云南　　　　　　　　⑲ 产地福建

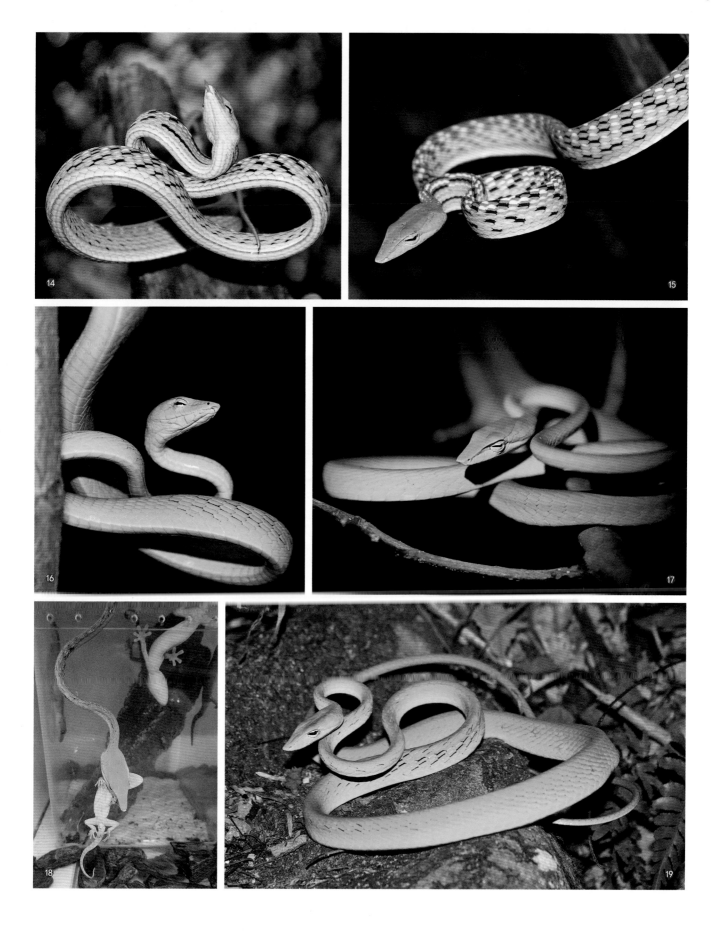

腹链蛇属 *Amphiesma* Duméril, Bibron and Duméril, 1854

草腹链蛇

Amphiesma stolatum (Linnaeus, 1758)

- 花浪蛇、斑背蛇（福建），草花蛇（安徽），黄头蛇、土地公蛇、草尾仔蛇、黄带水蛇

- Buff striped keelback

具腹链的中小型无毒蛇。头大小适中，与颈可以区分。头部和颈部多为棕黄色，部分个体为红色或灰色。体背棕褐色，背侧各具1条浅色纵纹。典型个体2条纵纹间具多数黑横纹，凡横纹与纵纹相交处都具1个白色点斑。腹面白色，体前段腹鳞外侧多具黑褐色点斑，前后连缀成不甚明显的链纹；尾腹白色无斑。

国内分布于广西、云南、贵州、广东、海南、香港、澳门、台湾、福建、江西、湖北、湖南、江西、安徽、浙江、河南、西藏。国外分布于巴基斯坦、尼泊尔、不丹、印度、斯里兰卡、缅甸、泰国、老挝、柬埔寨、越南。

① 体背黑横斑不显 / 产地香港　　② 产地香港

③ 头、颈部偏橙色 / 产地香港

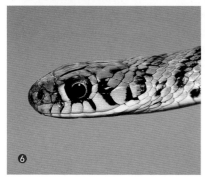

④ 头、颈略黄 / 产地台湾

⑤ 吻端 / 产地安徽

⑥ 头左侧 / 产地安徽

⑦ 头背 / 产地安徽

⑧ 头腹 / 产地安徽

⑨ 头右侧 / 产地安徽

⑩ 头、颈背偏红色 / 产地广东
⑪ 浅纵纹与黑横斑交错处具1个白色点斑 / 产地浙江
⑫ 体腹白色，可见链纹 / 产地安徽

方花蛇属 *Archelaphe* Schulz, Böhme and Tillack, 2011

方花蛇

Archelaphe bella (Stanley, 1917)

• Square-spotted kukri snake

中小型无毒蛇。头较小，与颈区分不明显。无颊鳞。通身背面红色、红褐色或灰褐色，头背具镶黑边的黄色或棕色深 "V" 或 "Y" 形斑。体、尾背面具几十个镶黑边的黄色或棕色横纹，占1—2枚背鳞宽。横纹在体侧分叉，前后分叉纹常在体侧下方相连，并继续分叉，向腹鳞延伸。通身腹面黄白色，体、尾腹面散布不规则排列的黑色小方斑。

国内分布于福建、江西、湖南、广东、广西、云南、贵州、四川、重庆。国外分布于越南、缅甸、印度。

① 幼体。头背大斑明显 / 产地云南　　② 产地云南

③ 眼下和口角具黑竖斑 / 产地云南

④ 产地云南

⑤ 产地云南

⑥ 腹面具黑斑 / 产地云南

⑦ 产地云南

⑧ 产地云南

⑨ 产地云南
⑩ 产地云南
⑪ 横纹在体侧分叉 / 产地不详

298

中小型水栖无毒蛇。吻端较窄略尖，鼻孔背侧位，有鼻瓣司启闭。头、颈区分不明显。鼻间鳞前端窄，2枚或3枚，如是3枚则排成"品"字形。前额鳞2—4枚，同一个体鼻间鳞与前额鳞常成一定的组合，最多2:2，其次2:4，少数2:3、3:3、3:2、个别3:4。通身背面橄榄棕色，显示不规则的黑色网纹。腹面浅黄色，腹鳞两侧边缘色黑。

国内分布于云南。国外分布于缅甸。

滇西蛇属 *Atretium* Cope, 1861

滇西蛇

Atretium yunnanensis Anderson, 1879

Yunnan olive keelback ·

① 鼻孔背侧位 / 产地云南
② 鼻间鳞3枚 / 产地云南
③ 产地云南

林蛇属 *Boiga* Fitzinger, 1826

繁花林蛇

Boiga multomaculata (Boie, 1827)

- 繁花蛇、赤斑蛇、褐斑蛇、金钱豹（湖南）
- Spotted cat snake, Large-spotted cat snake, Marbled cat-eyed snake

中小型林栖后沟牙类毒蛇。体略侧扁，尾细长，适于缠绕。头大，略呈三角形，与颈区分明显。眼偏大，瞳孔直立椭圆形。头背具1个深棕色倒"V"形斑，始自吻端，分支达枕部。头侧具1条深棕色纵纹，自吻端经眼斜达口角。上、下唇鳞白色，鳞缘色黑。通身背面褐色或浅褐色，正背具2行深棕色块斑，其下各具1行较小的深棕色斑，位于2个粗大点斑之间。脊鳞显著大于相邻背鳞。部分个体最外侧1—2行背鳞和腹鳞外侧淡黄色。腹面污白色，腹鳞杂以浅褐色和褐色斑。

国内分布于云南、贵州、湖南、广西、广东、海南、香港、澳门、福建、江西、浙江。国外分布于印度尼西亚、马来西亚、新加坡、泰国、柬埔寨、越南、老挝、缅甸、孟加拉国、印度。

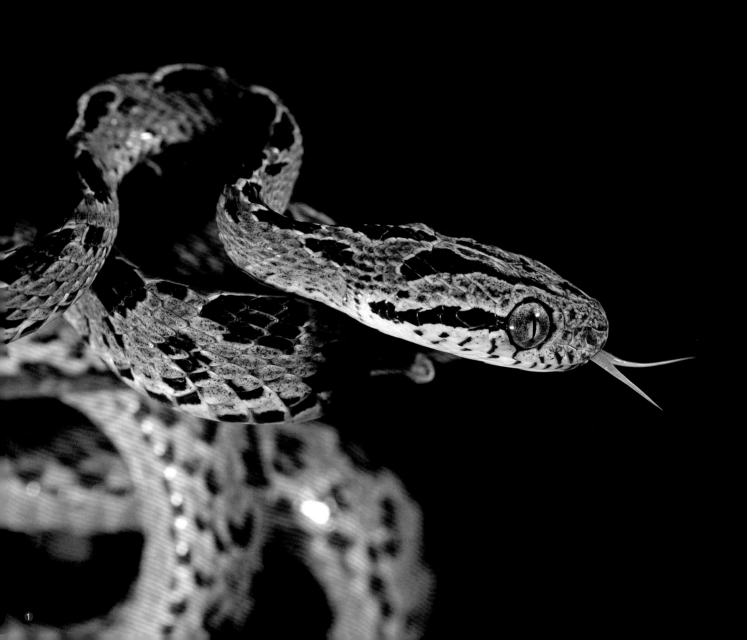

① 眼较大，瞳孔直立 / 产地云南　② 体背花斑或大或小，繁杂排列 / 产地海南

③ 头背具倒 "V" 形斑 / 产地广东

④ 产地广东

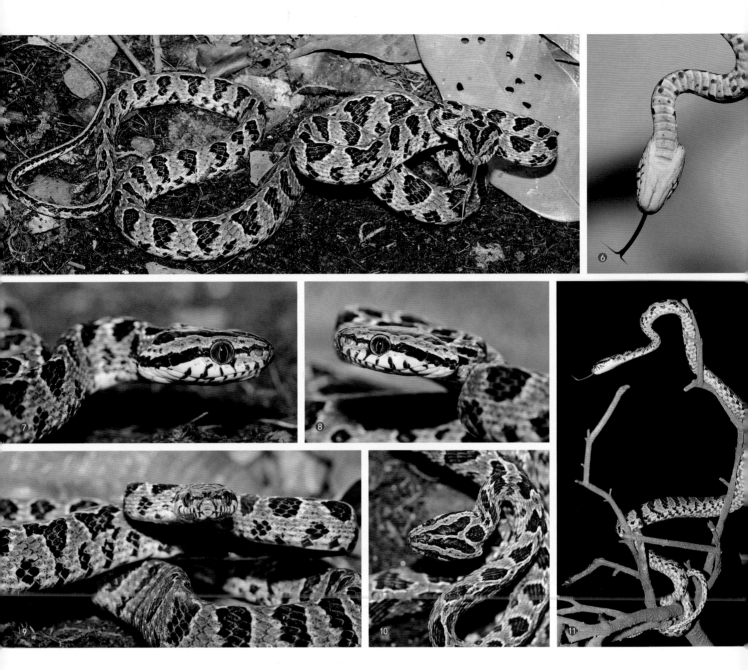

⑤ 产地云南

⑥ 产地云南

⑦ 眉纹自吻端经眼斜达口角 / 产地云南

⑧ 唇鳞白色，鳞缘色黑 / 产地云南

⑨ 产地云南

⑩ 产地云南

⑪ 尾细长，适于缠绕 / 产地云南

302

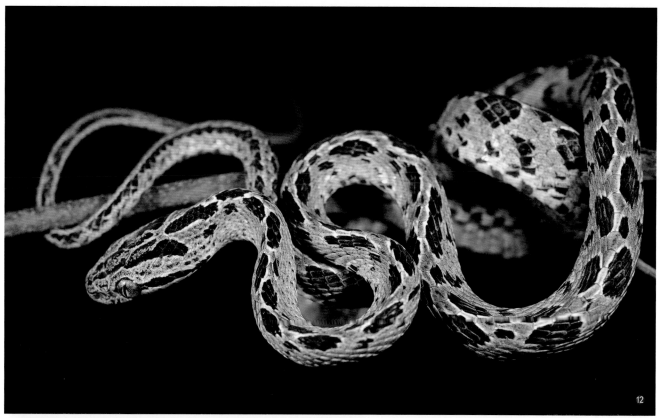

⑫ 脊鳞扩大 / 产地云南

⑬ 产地云南

⑭ 产地香港

绿林蛇

Boiga cyanea (Duméril, Bibron and Duméril, 1854)

• **Green cat snake**

中型林栖后沟牙类毒蛇。体略侧扁，尾细长，适于缠绕。头大，略呈三角形，与颈区分明显。眼偏大，瞳孔直立椭圆形。上唇鳞绿色，下唇鳞及颌部浅蓝色或白色。背鳞不扩大或略大于相邻背鳞。成体通身背面纯绿色，背鳞间皮肤色黑；腹面浅绿色。幼体头背绿色，上唇鳞黄色，下唇鳞及颌部白色，口腔内黑色，体背橘棕色，具若干深色斑块；腹面前段浅黄色，中后段与体背同色。

国内分布于云南。国外分布于印度、缅甸、泰国、柬埔寨、越南。

① 眼较大，通身绿色 / 产地云南

② 脊鳞略大 / 产地云南

③ 产地云南

④ 吃鼠 / 产地云南

⑤ 产地云南

⑥ 刚出壳的子蛇 / 产地云南

⑦ 母蛇与卵 / 产地云南

⑧ 幼体 / 产地云南

⑨ 幼体 / 产地云南

⑩ 亚成体 / 产地云南
⑪ 产地云南
⑫ 亚成体 / 产地云南
⑬ 产地云南

绞花林蛇

Boiga kraepelini Stejneger, 1902

• 绞花蛇、大头蛇、烂葛藤（湖南）、树蛇
• Kelung cat snake

中型林栖后沟牙类毒蛇。体略侧扁，尾细长，适于缠绕。头大，略呈三角形，与颈区分明显。眼偏大，瞳孔直立椭圆形。头背具不甚明显的深棕色倒"V"形斑，始自吻端，分支达枕部。头侧具深棕色纵纹，自鼻孔经眼斜达口角，有的个体不明显。颞鳞鳞片较小不成列。脊鳞不扩大或略大于相邻背鳞，背鳞斜列。通身背面灰色或棕褐色，体、尾正背具1行粗大而不规则、镶黄边的深棕色或红褐色斑，体侧具1行较小的深棕色或红褐色点斑，位于背脊2个斑之间。腹面白色，密布棕褐色或浅紫褐色点。

国内分布于台湾、福建、广东、海南、香港、广西、贵州、四川、重庆、甘肃、湖南、湖北、江西、浙江、安徽。国外分布于越南、老挝。

① 眼较大，体略侧扁／产地浙江
② 尾细长，适于缠绕／产地福建
③ 产地浙江
④ 产地浙江

⑤ 腹面白色，密布斑点 / 产地安徽　　⑧ 产地安徽

⑥ 产地安徽　　　　　　　　　　　　⑨ 头呈三角形，大鳞前置 / 产地安徽

⑦ 头侧具深色纵纹 / 产地安徽　　　　⑩ 正背具1行大斑 / 产地安徽

　　　　　　　　　　　　　　　　　　⑪ 头侧纵纹不明显 / 产地安徽

　　　　　　　　　　　　　　　　　　⑫ 产地安徽

广西林蛇

Boiga guangxiensis Wen, 1998

• Guangxi cat snake

中型林栖后沟牙类毒蛇。体略侧扁，尾细长，适于缠绕。头大，略呈三角形，与颈区分明显。眼大，瞳孔直立椭圆形。上、下唇鳞黄白色。背鳞显著扩大呈六边形，背鳞斜列。通身背面棕褐色或橄榄棕色，身体前段具10余个边界不清晰的黑色横斑，占2—3枚背鳞宽，横斑间背鳞色浅；向后，黑色横斑逐渐模糊至消失。与此同时，体侧出现边界不清晰的浅色细横纹，约占1枚或不足1枚背鳞宽，向后，浅色横纹逐渐模糊，至尾背消失。头腹及体腹前段黄白色，中后段浅棕褐色或浅橄榄棕色。

国内分布于广西、云南。国外分布于越南、老挝。

① 眼大且外突 / 产地云南　　　　② 身体前段具黑色横斑 / 产地云南

③ 背鳞斜列 / 产地云南

④ 产地云南

⑤ 体色偏绿个体 / 产地不详

⑥ 脊鳞扩大，六边形 / 产地云南

⑦ 产地云南

⑧ 产地云南

⑨ 产地云南

两头蛇属 *Calamaria* Boie, 1827

尖尾两头蛇

Calamaria pavimentata Duméril, Bibron and Duméril, 1854

- 铁线蛇
- Collared reed snake

小型穴居无毒蛇。头小，与颈区分不明显。眼小色黑。没有颊鳞、鼻间鳞和颞鳞。前额鳞大，前端与吻鳞相接，侧面与上唇鳞相接。眶前鳞1枚，眶后鳞1枚。颈部具黑色"围领"，其前后各具1对浅黄色斑（或不显），有时左右相连似横斑。体圆柱形，尾极短且末端略尖。体、尾背面暗褐色，具金属光泽，具数条深色细纵纹。尾背具2对浅黄色斑。腹面黄色，尾腹正中具1条黑色短纵纹。

国内分布于云南、广西、广东、海南、台湾、贵州、江西、福建、四川、浙江。国外分布于日本、印度（阿萨姆）向东到中南半岛、向南经马来半岛到印度尼西亚。

① 头、颈色较深，具2对浅黄色斑 / 产地广西　　　② 尾背色较深，具2对浅黄色斑 / 产地广西
③ 产地台湾
④ 幼体 / 产地台湾

钝尾两头蛇

Calamaria septentrionalis Boulenger, 1890

· 双头蛇（福建）、两头蛇、枳首蛇、
越王蛇

· Northern reed snake

小型穴居无毒蛇。头小，与颈区分不明显。眼小色黑。没有颊鳞、鼻间鳞和颏鳞。前额鳞大，前端与吻鳞相接，侧面与上唇鳞相接。眶前鳞1枚，眶后鳞1枚。枕部和颈部各具1对浅黄色斑（或不显），有时左右相连似横斑，枕部1对较小且色淡。体圆柱形，尾极短且末端钝圆。背部黑褐色，具金属光泽，部分背鳞上具深黑色点，略缀成纵行。尾侧具2对浅黄色斑，似枕、颈处的黄斑，且尾末钝圆似头，故名"两头蛇"。腹面橘黄色，尾腹正中具1条黑色短纵纹。

国内分布于江西、香港、安徽、浙江、江苏、上海、河南、湖北、湖南、贵州、四川、重庆、福建、广东、广西、海南。国外分布于越南。

① 尾末钝圆似头，故名"两头蛇" / 产地上海

② 没有鼻间鳞 / 产地安徽
③ 没有颊鳞和颏鳞 / 产地安徽
④ 眶前鳞1枚，眶后鳞1枚 / 产地安徽
⑤ 头侧和尾侧皆具浅黄色斑 / 产地安徽
⑥ 头侧和尾侧斑白色 / 产地安徽
⑦ 腹面橘黄色 / 产地安徽
⑧ 2条蛇的头、尾 / 产地浙江

云南两头蛇

Calamaria yunnanensis Chernov, 1962

· Yunnan reed snake

小型穴居无毒蛇。头小，与颈区分不明显。眼小色黑。没有颊鳞、鼻间鳞和颊鳞。前额鳞大，入眶，前端与吻鳞相接，侧面与上唇鳞相接。没有眶前鳞。枕背和颈背各具1对浅橘黄色斑（或无），尾基两侧也各具1个黄色斑。体圆柱形，尾极短。通身背面灰褐色或浅褐色，背鳞鳞缘具不规则的深色斑，形成隐约可见的细纵纹或网纹。腹面橘红色或浅黄色，前段较浅，向后逐渐加深。尾腹正中具1条锯齿状灰黑色窄纵纹。

国内分布于云南。国外分布于老挝。

① 体背隐约可见细纵纹和网纹 / 产地云南
② 产地云南

318

小型穴居无毒蛇。头小,与颈区分不明显。眼小色黑。没有颊鳞、鼻间鳞和颏鳞。前额鳞大,前端与吻鳞相接,侧面与上唇鳞相接。眶前鳞1枚,眶后鳞1枚或无。颈部和尾部无浅色斑。体圆柱形,尾极短。通身背面棕褐色,具金属光泽。每枚背鳞散布深色碎点,鳞缘色深。体侧各具3条黑色纵纹(或不显)。腹面橘黄色,腹鳞最外侧黑色。尾腹后段正中具黑色点连缀而成的细纵纹。

国内分布于云南。

盈江两头蛇

Calamaria andersoni Yang and Zheng, 2018

Anderson's reed snake •

① 正模活体 / 产地云南

② 腹面橘黄色 / 产地云南

③ 眶前鳞1枚,没有颊鳞和颏鳞 / 产地云南

金花蛇属 *Chrysopelea* Boie, 1826

金花蛇

Chrysopelea ornata (Shaw, 1802)

• Golden flying snake

中型树栖后沟牙毒蛇。体细长，具缠绕性。通身背面皆为黑黄相间的横斑纹，各150条左右。头背自吻到枕部具5条黄色细横纹，横纹间夹杂黄色点斑。体、尾背面黄色或黄绿色横纹约占1枚背鳞宽，黑色横斑约占2枚背鳞宽。上、下唇及头腹黄白色。体、尾腹面黄绿色，两侧具明显腹侧棱。两侧棱内腹鳞和尾下鳞常凹陷，适于树栖。腹鳞和尾下鳞游离缘在侧棱处有缺凹。侧棱外腹鳞和尾腹两侧具黑点斑，前后连缀似"腹链"。最后1枚腹鳞纵分为二。以上依据我国云南标本描述，色斑独特，其分类地位尚需进一步研究。

国内分布于云南、海南、香港、福建。国外分布于印度尼西亚、菲律宾、马来西亚、泰国、老挝、柬埔寨、越南、缅甸、孟加拉国、尼泊尔、不丹、印度、斯里兰卡。

① 头背具5条黄色细横纹 / 产地云南　　② 体、尾背面黄黑横斑纹前后交替排列 / 产地云南

③ 产地云南

④ 腹部具侧棱 / 产地云南

颌腔锦蛇属 *Coelognathus* Fitzinger, 1843

三索锦蛇

Coelognathus radiatus (Boie, 1827)

- 三索线、广蛇
- Radiated ratsnake

中大型无毒蛇。头、颈可区分。自眼眶辐射出3条黑线纹，故名"三索"。第一、二索向下、后下方延伸，常达下唇鳞，有的止于口裂；第三索向后上方，沿顶鳞侧缘延伸，有的止于顶鳞后缘，有的继续向颈部延伸约1个头长距离。枕部顶鳞后缘具1条黑色横纹（枕纹），占1—2枚背鳞宽，两侧向下延伸至头腹侧。第三索与枕纹相接或交叉。通身背面红褐色或浅棕黄色。体背具4条黑色纵纹，脊侧2条较粗，部分个体纵纹不规则断裂。纵纹从体中段开始模糊，逐渐消失于体后段。腹面色浅，具金属光泽，显现或白色、或淡黄色、或浅灰色。

国内分布于广东、广西、香港、福建、云南、贵州。国外分布于印度尼西亚、新加坡、马来西亚、泰国、缅甸、老挝、柬埔寨、孟加拉国、印度、尼泊尔、不丹。

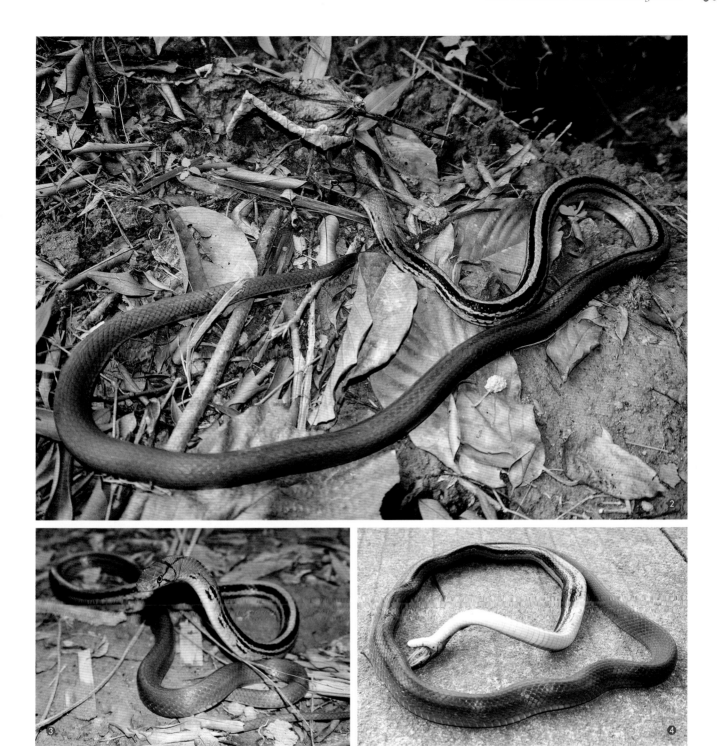

① 攻击时，颈部和体前段侧扁 / 产地云南　　② 自眼眶辐射出3条黑线纹 / 产地广东

③ 体前段背面具4条黑色纵纹 / 产地广东

④ 假死 / 产地广东

⑤ 颈部和体前段膨大 / 产地香港

⑥ 产地广东

⑦ 产地香港

⑧ 产地广东

⑨ 枕部具1条黑色横纹（枕纹）/ 产地云南

⑩ 攀爬陡壁 / 产地广东

翠青蛇属 *Cyclophiops* Boulenger, 1888

翠青蛇

Cyclophiops major (Günther, 1858)

- 青竹标（福建、广西、四川、安徽、江西），小青（广东），青龙、青蛇（贵州）
- Chinese green snake

　　中小型无毒蛇。头、颈可区分。眼大，瞳孔圆形。体遍度修长。上唇鳞淡绿色或黄绿色，下唇、颔部及体、尾腹面浅黄绿色。通身背面翠绿色（变异个体蓝色或黄色）。肛鳞二分（相似种纯绿翠青蛇肛鳞完整）。

　　国内分布于浙江、上海、江苏、安徽、江西、福建、台湾、香港、广东、广西、海南、湖南、湖北、河南、陕西、甘肃、四川、重庆、贵州、云南。国外分布于越南北部、老挝。

① 眼较大 / 产地浙江
② 通身背面翠绿色 / 产地福建
③ 产地安徽
④ 产地广西
⑤ 腹面黄绿色 / 产地香港

327

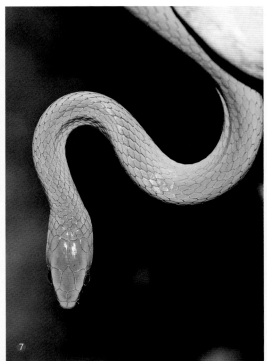

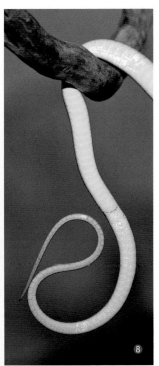

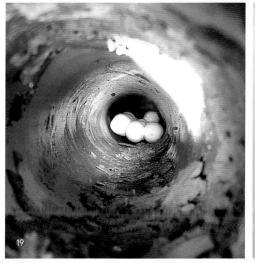

⑬ 产地四川

⑭ 体色变异个体 / 产地浙江

⑮ 产地广东

⑯ 体色变异个体 / 产地安徽

⑰ 产地广东

⑱ 卵正从泄殖孔中产出，腹中尚有几枚待产 / 产地安徽

⑲ 卵产在洞穴中 / 产地台湾

⑳ 刚出壳的子蛇 / 产地台湾

纯绿翠青蛇

Cyclophiops doriae Boulenger, 1888

- 青竹标（云南）
- Kachin hills green snake

中小型无毒蛇。头、颈可区分。眼大，瞳孔圆形。体适度修长。上唇鳞淡绿色或黄绿色，下唇、颔部及体、尾腹面浅黄绿色。通身背面翠绿色。肛鳞完整（相似种翠青蛇肛鳞二分）。

国内分布于云南、广西。国外分布于缅甸、印度。

① 通身背面翠绿色 / 产地云南　　② 产地云南
③ 幼体 / 产地云南

横纹翠青蛇

Cyclophiops multicinctus (Roux, 1907)

- 横纹青竹标（海南）
- Many banded green snake

中小型无毒蛇。头、颈可区分。眼大，瞳孔圆形。体适度修长。头背和体前段背面绿色且均匀，向后渐变为橘黄色或棕褐色，至尾背色最深且均匀。体中后段具几十个浅色横纹，横纹前后常伴随少许黑点。头腹淡黄色，体前段腹面黄白色或灰白色，体后段腹面较背面色浅。肛鳞二分。

国内分布于广西、广东、海南、云南、湖南。国外分布于越南、老挝、泰国。

① 美丽的大眼睛 / 产地海南　　② 头背和体前段背面绿色 / 产地海南
③ 产地海南
④ 产地海南

⑤ 体中段以后，背面颜色渐变为棕褐色 / 产地云南　⑧ 体中后段具浅色横纹 / 产地广西

⑥ 产地广东　⑨ 产地广东

⑦ 产地广东

过树蛇属 *Dendrelaphis* Boulenger, 1890

过树蛇

Dendrelaphis pictus (Gmelin, 1789)

· 藤蛇（广西、海南、云南）

· Common bronzeback, Painted bronzeback

中型树栖无毒蛇。体、尾细长，具缠绕性。头较窄长，与颈区分明显。眼大，瞳孔圆形，眼后具较宽的黑色纵纹延至颈侧。背鳞明显斜列，最外行较大，脊鳞显著扩大呈六边形或略呈扇形。通身背面褐色或灰褐色，颈后及体侧杂有孔雀蓝、棕色各半的鳞片。体侧最外2行背鳞乳黄色，形成界线分明的体侧纵纹，上下镶黑边。腹面白色或乳黄色。腹鳞和尾下鳞具侧棱，游离缘有缺凹。

国内分布于云南、广西、广东、海南、香港。国外分布于印度尼西亚、马来西亚、文莱、新加坡、泰国、老挝、缅甸、越南、柬埔寨、孟加拉国、尼泊尔、不丹、印度。

① 头小，窄长，眼大且突出 / 产地云南　　　② 产地海南
　　　　　　　　　　　　　　　　　　　　　③ 产地云南
　　　　　　　　　　　　　　　　　　　　　④ 脊鳞显著扩大 / 产地云南
　　　　　　　　　　　　　　　　　　　　　⑤ 背鳞斜列 / 产地云南
　　　　　　　　　　　　　　　　　　　　　⑥ 产地云南
　　　　　　　　　　　　　　　　　　　　　⑦ 产地云南
　　　　　　　　　　　　　　　　　　　　　⑧ 产地海南

⑨ 最外2行背鳞乳黄色 / 产地云南

八莫过树蛇

Dendrelaphis subocularis (Boulenger, 1888)

• Mountain bronzeback, Burmese bronzeback

中小型树栖无毒蛇。体、尾细长，具缠绕性。头较窄长，与颈区分明显。眼大，瞳孔圆形，眼后具较宽的黑色纵纹延至颈侧。背鳞明显斜列，最外行较大。脊鳞略大于相邻背鳞，略呈扇形。通身背面棕褐色。体侧最外2行背鳞及腹鳞外侧缘色浅，形成界线分明的体侧纵带，其上半灰黄色，下半浅褐色。腹面黄色。腹鳞与尾下鳞均具侧棱，侧棱游离缘无缺凹。

国内分布于云南。国外分布于缅甸、泰国、越南、柬埔寨、印度尼西亚。

① 通身背面棕褐色。体侧纵带上半灰黄色，下半浅褐色／产地云南

喜山过树蛇

Dendrelaphis biloreatus Wall, 1908

Himalayan bronze-back, Gore's bronze-back ·

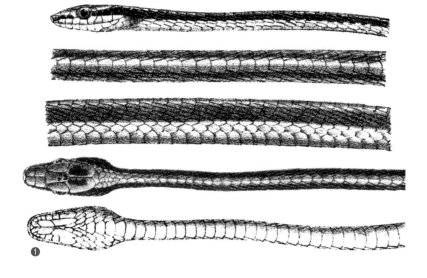

中小型树栖无毒蛇。体、尾细长，具缠绕性。头较窄长，与颈区分明显。吻宽圆。眼大，瞳孔圆形，眼后具较明显的黑色纵纹延至颈侧，再断离为纵行短斑。唇部和颔部浅黄色。通身背面铜棕色，沿背鳞最外2行具1条浅黄色纵纹。腹面浅绿色或浅灰色。

国内分布于西藏。国外分布于印度、孟加拉国、缅甸。

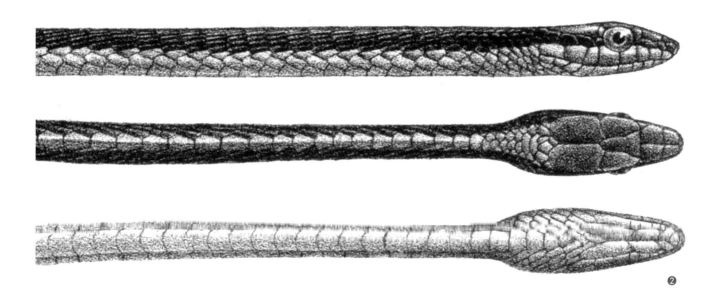

蓝绿过树蛇-银山过树蛇复合体

Dendrelaphis cyanochloris-ngansonensis complex

中型树栖无毒蛇。体、尾细长，具缠绕性。头较窄长，与颈区分明显。吻宽圆。眼大，瞳孔圆形，眼后具较宽的黑色纵纹延至颈侧。背面铜色，体侧背鳞下缘部分为浅蓝色，前部较密集，呈蓝色网状斑纹，后部渐弱。体侧无浅色和黑色纵纹。体前段的黑色横纹明显。腹面前段灰黄色，后段褐黄色。脊鳞和最外行背鳞明显扩大，最外行背鳞颜色明显比其他背鳞色淡，而与腹鳞颜色相近。

国内分布于云南、西藏、海南。国外分布于印度、缅甸、泰国、越南、老挝。

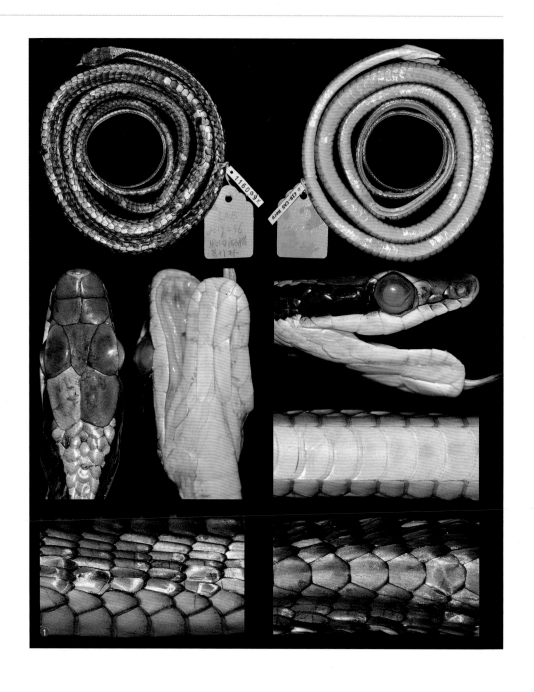

① 产地云南

沃氏过树蛇

Dendrelaphis vogeli Jiang, Guo, Ren and Li, 2020

Vogel's bronzeback ·

中小型树栖无毒蛇。体、尾细长，具缠绕性。头较窄长，与颈区分明显。吻宽圆。眼大，瞳孔圆形，眼后具较宽的黑色纵纹延至颈侧。唇部黄白色。背面铜色。体侧背鳞下缘部分为浅蓝色，前部较密集，呈蓝色网状斑纹，后部渐弱。体侧无浅色和黑色纵纹。体前段的黑色横纹不明显。脊鳞和最外行背鳞明显扩大，背鳞最外一行与其他背鳞颜色一致。腹面前段灰黄色，后段褐黄色。

国内分布于云南。

① 眼大且突出 / 产地云南

锦蛇属 *Elaphe* Fitzinger, 1833

白

Elaphe dione (Pallas, 1773)

• 黑斑蛇（黑龙江），白带子
（辽宁），黄点蛇、草梢子

• Dione ratsnake

中小型无毒蛇。头、颈可区分。上、下唇及头腹白色、灰白色或米白色，常散布深色斑或点。眼后具1条镶黑边的深褐色纵纹斜向口角。枕背深色纵纹大且明显。体色变异很大，有红褐色、灰褐色、米黄色、棕黄色、黄绿色等。体背具4条深色纵纹，位于脊侧和体侧，纵纹上常连缀较多更深颜色的近圆形斑。深色纵纹间色浅，看似"白条"。腹面颜色和色斑变异很大。

国内分布于新疆、青海、甘肃、四川、内蒙古、宁夏、黑龙江、吉林、辽宁、陕西、山西、河北、北京、天津、河南、湖北、安徽、江苏、上海、山东。国外分布于俄罗斯、蒙古、乌克兰、格鲁吉亚、阿塞拜疆、哈萨克斯坦、吉尔吉斯斯坦、塔吉克斯坦、乌兹别克斯坦、土库曼斯坦、阿富汗、伊朗、朝鲜、韩国。

① 眼已泛白，即将蜕皮 / 产地河北　　② 体背具明显的浅色纵纹（白条）/ 产地河北
　　　　　　　　　　　　　　　　　　③ 体色偏浅个体，白条明显 / 产地河北
　　　　　　　　　　　　　　　　　　④ 产地河北
　　　　　　　　　　　　　　　　　　⑤ 产地河北
　　　　　　　　　　　　　　　　　　⑥ 产地河北
　　　　　　　　　　　　　　　　　　⑦ 产地河北
　　　　　　　　　　　　　　　　　　⑧ 产地河北

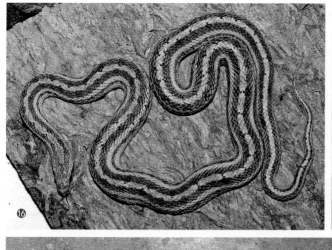

南峰锦蛇

Elaphe hodgsonii (Günther, 1860)

• Hodgson's ratsnake, Himalayan trinket snake

中型无毒蛇。头、颈可区分。头背正中色深，隐约似1条短纵纹。通身背面橄榄绿色或棕灰色，背鳞边缘黑白交杂。腹面黄绿色，腹鳞边缘灰黑色。

国内分布于西藏。国外分布于尼泊尔、印度。

① 头背正中具色深的短纵纹 / 产地西藏　　　　② 通身背面橄榄绿色个体 / 产地西藏
③ 产地西藏
④ 产地西藏
⑤ 产地西藏
⑥ 通身背面棕灰色个体 / 产地西藏

黑眉锦蛇

Elaphe taeniura Cope, 1861

- 家蛇、菜花蛇、秤杆蛇、秤星蛇
- Striped-tailed ratsnake, Striped trinket snake

中大型无毒蛇。头、颈可区分。头背黄绿色或略带灰褐色。上、下唇及头腹米白色或浅黄色。眼后具1条明显的粗黑纹（因此得名）。体、尾背面黄绿色、灰色，前段具黑色梯纹或断离成多个蝶形纹；后段体侧黑色，延伸至尾末。体后段黑色处具较规则的白横纹，尾侧无此横纹。体、尾腹面灰白色或略带淡黄色，两侧黑色。该种分布广，体色和色斑差异大，有若干亚种分化。

国内分布于浙江、上海、江苏、安徽、江西、福建、台湾、广东、广西、海南、湖南、湖北、河南、河北、山东、山西、北京、天津、辽宁、重庆、贵州、四川、云南、陕西、甘肃、西藏。国外分布于日本、俄罗斯、不丹、印度、缅甸、泰国、越南、老挝、柬埔寨、韩国、马来西亚、印度尼西亚。

① 攻击时，颈部及其后方侧扁 / 产地香港　　② 体色偏黄 / 产地香港
③ 眼后具醒目的黑眉 / 产地浙江
④ 产地安徽
⑤ 产地安徽
⑥ 产地浙江

⑦ 产地广东
⑧ 卵产在洞里 / 产地台湾
⑨ 体后段正背面 / 产地台湾
⑩ 产地台湾
⑪ 体前段侧面 / 产地台湾
⑫ 体后段侧面 / 产地台湾

⑬ 体色偏褐 / 产地安徽
⑭ 产地安徽
⑮ 产地安徽
⑯ 产地安徽
⑰ 体色偏浅 / 产地安徽
⑱ 产地安徽
⑲ 产地安徽

王锦蛇

Elaphe carinata (Günther, 1864)

- 王蟒、王字头、菜花蛇、油菜花、大王蛇、松花蛇（安徽）、臭青公（台湾）

- Keeled ratsnake

中大型无毒蛇。头、颈可区分。头背黄色，鳞缘色黑，略呈"大王"二字。体、尾背面黄褐色或灰褐色，前半段具深浅交替的横纹，后半段背鳞鳞周色黑，形成黑色网纹。上、下唇和头腹多为黄色。体、尾腹面黄色，腹鳞鳞缘色黑，形成黑色横纹；部分个体后段腹鳞全黑。该种成幼二型，成体和幼体体色、斑纹差异很大，似不同种。初生幼蛇通身背面棕灰色，头背无斑；体背具4条深色细纵纹，自颈部通达尾末，脊侧2条色较浅；体背前半段具若干短横纹；腹面藕色。

国内分布于江西、福建、台湾、浙江、广东、广西、湖南、湖北、河南、安徽、江苏、上海、山东、山西、北京、天津、陕西、宁夏、甘肃、云南、贵州、四川、重庆、西藏。国外分布于越南、日本。

① 头背有"大王"二字 / 产地浙江
② 体背颜色不同个体 / 产地安徽
③ 腹面颜色也不同 / 产地安徽
④ 体色偏灰个体 / 产地安徽

⑤ 产地浙江

⑥ 产地广西

⑦ 产地安徽

⑧ 子蛇正在出壳／产地安徽

⑨ 初生子蛇／产地安徽

棕黑锦蛇

Elaphe schrenckii (Strauch, 1873)

- 乌虫（黑龙江）
- Amur ratsnake

中大型无毒蛇。头、颈可区分。头背黑色，头侧、腹黄色，上、下唇鳞后半部黑色。体、尾背面棕黑色，自颈至尾具黄色横斑，占1—2个鳞列，两横斑间隔9—10个鳞列。体、尾腹面乳黄色杂有黑色斑，部分个体腹面几乎全黑。

国内分布于黑龙江、吉林、辽宁。国外分布于俄罗斯、蒙古、朝鲜、韩国。

① 头背黑色，无斑 / 产地吉林　　② 产地吉林

③ 产地吉林

④ 唇鳞黄色 / 产地吉林

⑤ 上、下唇鳞后半部黑色，呈规则竖斑状 / 产地吉林

⑥ 产地吉林

⑦ 产地吉林

⑧ 产地吉林

⑨ 头腹黄色 / 产地吉林

Elaphe davidi (Sauvage, 1884)

· 花长虫（辽宁）

· David's ratsnake

中小型无毒蛇。头、颈可区分。头背前部具1个深色横斑，中部具1对略对称的深色短纵斑，枕部具形状不规则的大斑（中间色浅），常与中部的纵斑相融。眼后具镶黑边的深棕色眉纹，约与眼径等宽，向后斜达口角。体、尾背面灰褐色，具3行深色镶黑边的圆斑，正中1行较大，且圆斑之间色浅，看似将圆斑串成念珠。腹面米白色，密布不规则的褐色斑和橘色点。

国内分布于黑龙江、吉林、辽宁、内蒙古、北京、天津、河北、山西、陕西、山东。国外分布于朝鲜。

① 背正中具1行大圆斑 / 产地山东　　② 产地河北
③ 产地不详
④ 产地河北
⑤ 产地河北
⑥ 产地河北
⑦ 产地河北
⑧ 眼后具镶黑边的深棕色眉纹 / 产地河北
⑨ 产地河北
⑩ 产地河北

⑪ 生石体刚孵具1行小圆斑 / 产地河北

11

百花锦蛇

Elaphe moellendorffi (Boettger, 1886)

- 百花蛇、白花蛇、花蛇、菊花蛇（广东、广西）
- Moellendorff's ratsnake

中大型无毒蛇。头、颈可区分。头背绛红色，上、下唇鳞灰色，头腹白色。体、尾背面灰绿色，具3行橄榄棕色或红褐色的边缘不规则的圆斑，边缘色黑，中央1行较大。尾背橘红色，具红褐色宽横斑。体腹灰白色，尾腹橘红色，散布黑色方斑。

国内分布于广西、广东、贵州。国外分布于越南。

① 头背绛红色，无斑 / 产地广西
② 产地广西
③ 产地广西
④ 体、尾背面灰绿色 / 产地广西
⑤ 正背中央具1行大圆斑 / 产地广西
⑥ 产地广西
⑦ 产地广西
⑧ 产地广西

坎氏锦蛇

Elaphe cantoris (Boulenger, 1894)

· Eastern trinket snake

中大型无毒蛇。头、颈可区分。通身背面橄榄绿色，体前段具3行镶黑边的不规则深色斑块，背正中1行斑块较大；体后段具较规则的深浅相间的横斑、横纹，深色横斑占3—5个鳞列，浅色横纹占1—2个鳞列。头腹黄色，体腹灰白色。

国内分布于西藏。国外分布于印度、不丹、尼泊尔、缅甸。

① 体前段具3行深色斑块／产地西藏　　② 体后段具横斑／产地西藏
③ 产地西藏
④ 产地西藏

赤峰锦蛇

Elaphe anomala (Boulenger, 1916)

- 虎尾蛇、海黄蟒、乌虫、
  乌松、家蛇（辽宁）
- Chifeng ratsnake

中大型无毒蛇。头、颈可区分。头侧、腹黄白色，上、下唇鳞后缘黑色。通身背面棕灰色或浅棕色，体前段横斑色浅或不明显，体后段及尾背具黄色横斑，占2—4个鳞列，两横斑间隔4—6个鳞列。体、尾腹面浅黄色或鹅黄色，散布略呈方形的黑褐色小斑。

国内分布于内蒙古、黑龙江、吉林、辽宁、北京、天津、河北、山西、陕西、甘肃、山东、河南、湖北、湖南、安徽、江苏、浙江。国外分布于朝鲜。

① 上、下唇鳞后缘黑色，呈不规则竖纹 / 产地吉林　　② 体前段横斑不甚明显 / 产地吉林
③ 体后段横斑粗大 / 产地吉林
④ 产地吉林
⑤ 产地吉林
⑥ 产地吉林
⑦ 产地吉林
⑧ 产地吉林

⑨ 幼体 / 产地不详
⑩ 幼体 / 产地不详
⑪ 幼体吃鼠 / 产地不详

双斑锦蛇

Elaphe bimaculata Schmidt, 1925

· Twin-spotted ratsnake

中小型无毒蛇。头、颈可区分。头背灰褐色，具黄褐色或红褐色钟形斑。头侧具1条黑纹，自吻经眼斜达口角。上、下唇鳞亮黄色，偶有白色。体色变异较大，有灰褐色、棕黄色、黄褐色等。典型个体体、尾背面具4条纵带，纵带上缀以镶黑边的近圆形深色斑，脊侧2个圆斑常有横纹相连，形似哑铃。体、尾腹面黄色，前半段色较深，常散布浅灰色小斑。

中国特有种，分布于安徽、江西、浙江、江苏、上海、河南、湖北、湖南、四川、重庆。

① 脊侧2个圆斑常有横纹相连／产地安徽

1

② 产地安徽

③ 正在交配 / 产地安徽

④ 很像白条锦蛇的双斑锦蛇 / 产地浙江

⑤ 产地安徽

⑥ 子蛇正在出壳 / 产地安徽

⑦ 初生子蛇 / 产地安徽

⑧ 幼体 / 产地浙江

若尔盖锦蛇

Elaphe zoigeensis Huang, Ding, Burbrink, Yang, Huang, Ling, Chen and Zhang, 2012

· Zoige ratsnake

中小型无毒蛇。头、颈可区分。通身背面灰褐色。头前部具镶黑边的深色横纹，其后具"M"形斑。枕部具1对不规则大斑。眼后具镶黑边的深色眉纹，比眼径略窄，向后斜达口角。眶前鳞3枚（锦蛇属其他蛇类为1—2枚）。体、尾背面具4条由深色点斑形成的纵链纹。腹面浅灰褐色，腹鳞游离端黑色，形成黑色横纹。

中国特有种。分布于四川、甘肃。

① 头背具"M"形斑 / 产地四川　② 产地四川
③ 产地四川
④ 产地四川
⑤ 产地四川
⑥ 产地四川

玉斑锦蛇属 *Euprepiophis* Fitzinger, 1843

玉斑锦蛇

Euprepiophis mandarinus (Cantor, 1842)

- 高砂蛇（台湾），美女蛇、玉带蛇（福建、安徽），神皮花蛇（浙江）
- Mandarin ratsnake

中型无毒蛇。头、颈区分不明显。头背黄色，具3条黑色横斑：第1条横跨吻背；第2条横跨两眼，在眼下分2支，分别达口缘；第3条呈倒"V"形，其尖端始自额鳞，左右支分别斜经口角达喉部。体、尾背面黄褐色、灰色或浅红色。正背具1行大的黑色菱形斑，其中央和外侧缘为黄色。腹面灰白色或污白色，具100余个左右交错排列的黑色略呈长方形斑，大多占半枚腹鳞长、1枚腹鳞宽，个别左右相连横跨腹面。

国内分布于浙江、上海、江苏、安徽、江西、福建、台湾、广东、广西、云南、西藏、贵州、四川、重庆、湖南、湖北、河南、河北、辽宁、北京、天津、山西、陕西、甘肃、宁夏。国外分布于越南、缅甸、印度、老挝。

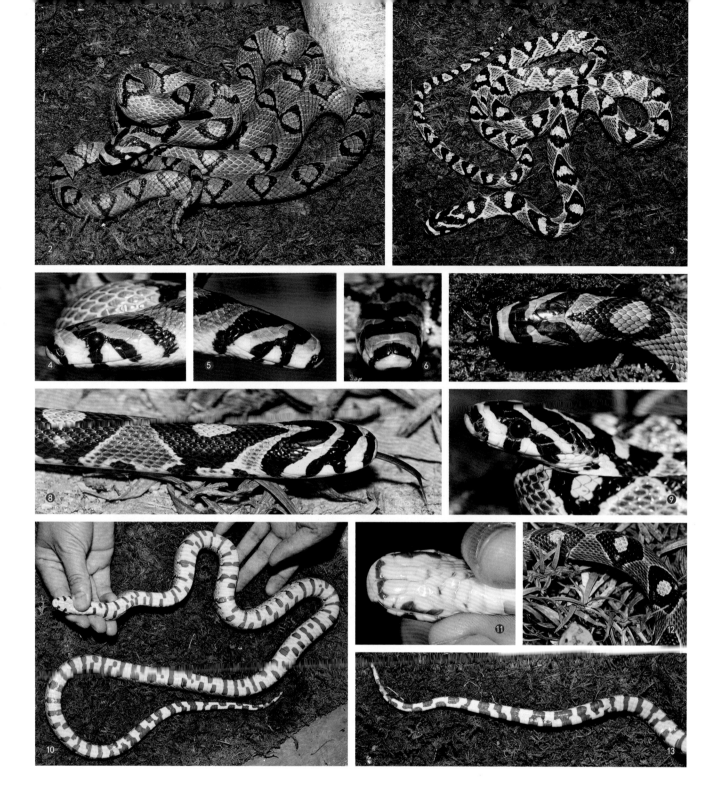

① 正背具1行大的黑色菱形斑 / 产地浙江　　② 头背黄色，具3条黑色横斑 / 产地安徽

③ 产地安徽

④ 产地安徽

⑤ 产地安徽

⑥ 产地安徽

⑦ 产地安徽

⑧ 产地广西

⑨ 产地安徽

⑩ 产地安徽

⑪ 产地安徽

⑫ 产地广西

⑬ 产地安徽

横斑锦蛇

Euprepiophis perlaceus (Stejneger, 1929)

· Pearl-banded ratsnake, Sichuan ratsnake

中型无毒蛇。头、颈区分不明显。头背黄绿色，具3条黑色横斑：第1条横跨吻背；第2条横跨两眼，在眼下分2支，分别达口缘；第3条呈倒"V"形，其尖端始自额鳞，左右支分别斜经口角达喉部。体、尾背面橄榄绿色或黄绿色，具几十道横斑，每个横斑由黑－黄绿－黑3道横纹组成，每横纹约占1枚背鳞宽。成体体色偏黄绿色，中间这道横纹与体色接近，且黑色横纹中夹杂珍珠样点斑，串联成珍珠项链样。每组横斑前后相隔4—6枚背鳞。腹面乳白色，腹鳞具黑色大斑点，约占1枚腹鳞宽。

中国特有种。仅分布于四川。

① 头、体、尾背面具横斑 / 产地四川　② 幼体 / 产地四川

③ 幼体 / 产地四川

④ 产地四川

⑤ 子蛇正在出壳 / 产地四川

树锦蛇属 *Gonyosoma* Wagler, 1828

灰腹绿锦蛇

Gonyosoma frenatum (Gray, 1853)

· **Rein snake**

中型树栖无毒蛇。身体修长，腹鳞具侧棱，成幼色异。头略大，与颈可区分。眼较大。无颊鳞。头侧具1条黑眉，始自鼻鳞后，经眼向后达口角。上、下唇和头腹黄绿色。成体通身背面绿色，背鳞间皮肤黑色。体、尾腹面黄绿色或黄白色，侧棱黄色，形成腹面的2条细纵纹。幼蛇的颜色、斑纹与成体差别很大，通身背面色杂，以蓝色、绿色为主，杂以黑色、白色、黄色短纵纹。头背大鳞鳞缘色黑，形似"众""川"二字，前后排列。头侧黑眉较成体长，始自鼻鳞前，经眼向后达颈侧。

国内分布于广西、广东、贵州、四川、重庆、陕西、河南、湖北、湖南、江西、福建、台湾、浙江、安徽。国外分布于印度、越南。

① 无颊鳞，头侧具黑眉 / 产地浙江

② 头背大鳞鳞缘色黑，形似"众""川"二字 / 产地浙江

③ 产地浙江

④ 产地浙江

⑤ 亚成体 / 产地浙江　　⑧ 腹鳞两侧的侧棱明显 / 产地浙江
⑥ 亚成体 / 产地浙江　　⑨ 产地浙江
⑦ 亚成体 / 产地浙江　　⑩ 产地台湾
　　　　　　　　　　　　⑪ 产地台湾
　　　　　　　　　　　　⑫ 产地台湾
　　　　　　　　　　　　⑬ 产地湖南
　　　　　　　　　　　　⑭ 产地陕西

绿锦蛇

Gonyosoma prasinum (Blyth, 1855)

• Green ratsnake, Green bush ratsnake, Green trinket snake

中小型树栖无毒蛇。身体修长，腹鳞
具侧棱。头略大，与颈可区分。眼较大，
虹膜蓝色，颊鳞1枚。头侧无黑眉。上
下唇和头腹黄绿色或淡绿色，颌部色浅。
通身背面绿色，背鳞间皮肤黑色。身体前
段大多数背鳞鳞缘具白色短纵纹，身体弯
曲时可见。体、尾腹面黄白色或淡绿色，
侧棱淡黄色，形成腹面的2条细纵纹。

国内分布于云南、贵州、四川、海
南。国外分布于印度、缅甸、泰国、老
挝、越南、马来西亚。

① 通身背面绿色，头背无斑 / 产地云南　　② 产地云南

③ 虹膜蓝色 / 产地云南

④ 尾细长，具侧棱 / 产地云南

⑤ 产地云南

⑥ 腹鳞两侧具侧棱 / 产地云南

⑦ 颊鳞1枚 / 产地云南

⑧ 产地云南

尖喙蛇

Gonyosoma boulengeri (Mocquard, 1897)

• Green sharp-snouted snake

中小型树栖无毒蛇。吻端尖出，被以小鳞，翘向前上方。体修长，腹鳞具侧棱，成幼色异。头略大，与颈可区分。颊鳞1枚。头侧具1条黑眉，自鼻鳞下缘和上唇鳞上缘经眼眶下缘至颞鳞下缘和最后1枚上唇鳞上缘。上、下唇和头腹黄色、浅绿色或白色。通身背面绿色，背鳞间皮肤黑色。身体前段大多数背鳞鳞缘具白色短纵纹，身体弯曲时可见。体、尾腹面淡绿色，侧棱黄色或白色，形成腹面的2条细纵纹。幼体通身背面灰褐色，伴随成长，灰色逐渐褪去，绿色逐渐增多，成体时通身背面绿色。

国内分布于广西、广东、云南。国外分布于越南。

① 亚成体，吻端尖出 / 产地云南　　② 成体具黑眉 / 产地广西

③ 颊鳞1枚 / 产地云南

④ 产地云南

⑤ 产地云南

⑥ 产地云南

⑦ 腹鳞两侧具侧棱 / 产地云南

⑧ 尾腹具侧棱 / 产地云南

东亚腹链蛇属 *Hebius* Thompson, 1913

东亚腹链蛇

Hebius vibakari (Boie, 1826)

- 水长蛇（辽宁）
- **Far-east keelback**

具腹链的小型无毒蛇。头较窄长，与颈可区分。头背绿褐色，头腹白色，上、下唇鳞黄白色，鳞缘具不规则黑斑。口角向后具1条或长或短的浅色纵纹，有的个体该纵纹弯向颈背，在脊中央几乎相连。体、尾背面红褐色，背鳞中央3—4行鳞片橄榄绿色。体、尾腹面乳黄色，腹鳞两侧具黑色短斑纹，前后连缀成腹链，链纹外侧腹鳞淡红色。背鳞19-19-17行。

国内分布于黑龙江、吉林、辽宁。国外分布于日本、朝鲜、韩国、俄罗斯。

① 体、尾背面红褐色 / 产地吉林

② 唇鳞鳞缘具不规则黑斑 / 产地吉林

③ 产地吉林

④ 产地吉林

⑤ 产地吉林

⑥ 背鳞中央3—4行鳞片橄榄绿色 / 产地吉林

⑦ 产地吉林

⑧ 产地吉林

⑨ 产地吉林

锈链腹链蛇

Hebius craspedogaster (Boulenger, 1899)

Rufous-striped keelback ·

　　具腹链的小型无毒蛇。自口角斜向颈背具1个白色或黄色的略呈长圆形的斑块，其后部的细长"拖尾"与体侧纵纹相连。头背具1对顶斑。头腹色白。体背褐色，两侧各具1条锈红色纵纹，纵纹上具棕黄色点斑。体、尾腹面前段淡黄色，向后渐变为铅灰色。腹鳞两侧具黑色短斑纹，前后连缀成腹链。背鳞19-19-17行。

　　国内分布于福建、广东、广西、贵州、四川、重庆、湖南、湖北、江西、浙江、安徽、江苏、河南、山西、陕西、甘肃。

① 产地浙江

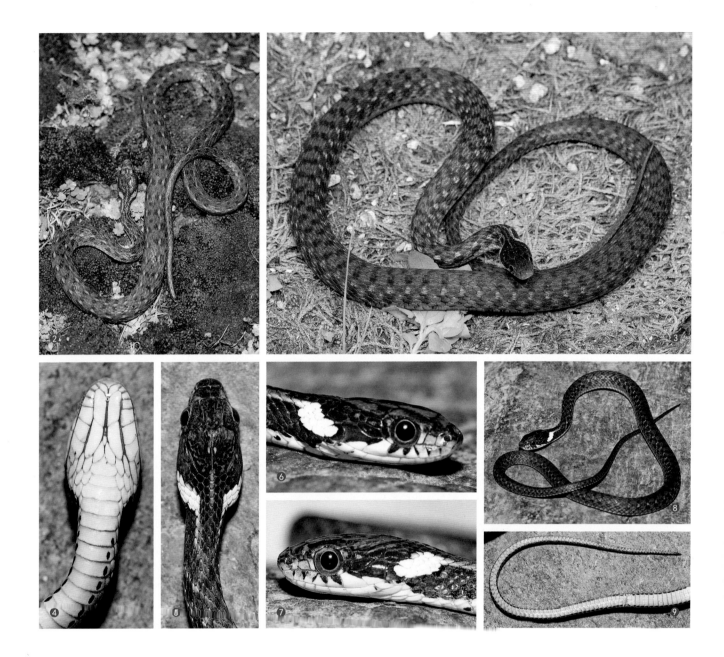

② 脊部两侧各具1条锈红色纵纹 / 产地安徽

③ 锈红色纵纹上具棕黄色点斑 / 产地浙江

④ 产地安徽

⑤ 顶鳞上具1对顶斑 / 产地安徽

⑥ 长圆形白斑后具细长"拖尾" / 产地安徽

⑦ 产地安徽

⑧ 产地安徽

⑨ 产地安徽

具腹链的中小型无毒蛇。头背暗橄榄色，散布黑色点斑，具1对顶斑。上唇浅橘红色，鳞缘色黑。头腹无斑。眼后具1条黑色斜纹，沿上唇鳞后延，与体侧黑斑相接。该黑纹上部伴有橘色或黄色的斑纹，构成背侧浅棕色纵纹的前端。背面橄榄绿色，具暗色棋斑，体侧具1条不甚明显的浅棕色纵纹。腹面红色，腹鳞两侧具黑色短斑纹，前后连缀成腹链。背鳞19-19-17行。

中国特有种。仅分布于四川。

瓦屋山腹链蛇

Hebius metusia (Inger, Zhao, Shaffer and Wu, 1990)

Wawushan keelback •

① 体侧具1条不甚明显的浅棕色纵纹 / 产地四川
② 产地四川
③ 产地四川

八线腹链蛇

Hebius octolineatus (Boulenger, 1904)

· Eight-lined keelback

具腹链的中小型无毒蛇。头背暗褐色，上唇鳞及头腹黄色，唇鳞边缘多具黑褐色斑。体、尾背面灰褐色，背侧具2条黄色纵纹始自眼后通达尾末。腹鳞两侧缘与D1相接处形成黑色折线纹，腹鳞两侧具黑色短斑纹，前后连缀成腹链。腹链或长或短。体、尾腹面淡黄绿色，折线纹与腹链之间色黄。背鳞19-19-17行。

中国特有种。分布于云南、广西、贵州、四川。

① 腹鳞两侧与背鳞相接处具黑色折线纹 / 产地云南
② 体尾背面具数条粗细不一的纵纹 / 产地云南

棕网腹链蛇

Hebius johannis (Boulenger, 1908)

Brown-netted keelback ·

具腹链的中小型无毒蛇。头背棕褐色，具1对顶斑。上、下唇鳞黄色，后缘黑褐色。头腹黄色，口角后具1条棕黄色斑纹，向后延伸与体侧纵纹相连。体、尾背面棕褐色，具黑色网纹，D4—D6位置具浅色点斑，前后缀连成不明显的浅色侧纵纹。体、尾腹面淡黄色，腹鳞两侧具黑斑，前后连缀成腹链，腹链外侧棕褐色。背鳞19-19-17行。

中国特有种。分布于云南、贵州、四川。

① 通身背面棕褐色，具黑色网纹／产地四川
② 体侧具不甚明显的浅色纵纹／产地四川

棕黑腹链蛇

Hebius sauteri (Boulenger, 1909)

· Sauter's keelback

　　具腹链的小型无毒蛇。体色变异大，有红褐色、黄褐色或灰褐色。头背黑褐色或红褐色，具1对顶斑，部分个体顶斑不明显。头腹灰白色，上、下唇鳞白色，后缘黑褐色。口角后镶黑边的浅色圆点或有或无、或大或小，位置或前或后。体、尾背面红褐色、黄褐色或灰褐色，隐约可见碎黑斑。背鳞D4—D6每隔2—3枚鳞片具浅色短横斑，前后缀连成纵行点线。体、尾腹面灰白色，腹鳞两侧具黑斑，前后连缀成腹链。背鳞通身17行。

　　国内分布于台湾、福建、广东、广西、海南、云南、贵州、四川、重庆、湖南、湖北、江西、安徽。国外分布于越南。

　　① 腹部链纹清晰可见 / 产地广东
　　② 产地广东

具腹链的中小型无毒蛇。头背橄榄棕色，唇部黄色或粉红色，口角后浅色纹宽而明显，与体侧纹相连。体、尾背面棕褐色，两侧各具1条镶黑边的浅黄色纵纹通达尾末。腹面浅黄色，腹鳞两侧具黑色点斑，前后连缀成腹链，腹链外侧与D1粉红色。背鳞19-19-17行。

国内分布于云南、贵州、湖南、广西、广东。国外分布于缅甸、越南、泰国。

黑带腹链蛇

Hebius bitaeniatus (Wall, 1925)

Black-striped keelback •

① 正背具黑带 / 产地云南

② 产地贵州
③ 产地贵州
④ 产地贵州
⑤ 产地贵州
⑥ 产地贵州
⑦ 产地广西

402

[参考David等（2010），依据模式标本和活体标本描述]具腹链的小型无毒蛇。头背灰褐色或深褐色，杂以小黑斑或不清晰黄色斑点。眼后具1条明显的黑色条纹。上唇鳞中央部分黄色或白色，边缘深棕色。头两侧各具1条淡黄色条纹，始自最后1枚上唇鳞，在颈部形成"V"形或"Y"形斑纹。体背深褐色。体侧具1条棕黄色或砖红色纵纹，其上镶有浅色点斑。腹面乳白色或淡黄色，腹鳞边缘砖红色或棕黄色具锯齿状链纹。背鳞19-19-17行。本书展示的个体产自云南盈江，暂定为克氏腹链蛇。该个体与模式标本的形态差异为：体、尾背面红褐色，眼后无黑色条纹，颈部无"V"形或"Y"形斑纹。

国内分布于云南、西藏。国外分布于缅甸、印度、尼泊尔（存疑）。

克氏腹链蛇

Hebius clerki (Wall, 1925)

Clerk's keelback •

① 体侧隐约具较浅色纵条纹，其上具浅色点斑 / 产地云南

② 产地云南

坡普腹链蛇

Hebius popei (Schmidt, 1925)

· Pope's keelback

具腹链的小型无毒蛇。头背土红色，头腹白色。上、下唇鳞色白，鳞缘具不规则黑斑。枕部具1个棕黄色宽横斑，其后部的"拖尾"与体侧纵纹相连。头背具1对顶斑。体、尾背面灰褐色，两侧各具1条紫棕色纵纹，纵贯全身，纵纹上镶有若干浅色斑点。体、尾腹面黄色或白色，腹鳞两侧具黑色短斑纹，前后连缀成腹链。背鳞19-19-17行。

国内分布于海南、广东、广西、云南、贵州、湖南、江西。国外分布于越南。

① 体侧具1条紫棕色纵纹，其上具浅色斑点 / 产地广东　　② 产地广东
③ 产地海南
④ 产地海南
⑤ 产地海南
⑥ 产地海南
⑦ 腹面黄色 / 产地海南

台北腹链蛇

Hebius miyajimae (Maki, 1931)

- 金丝蛇、台北游蛇（台湾）
- Taibei keelback

具腹链的小型无毒蛇。头背棕灰色，具1对顶斑。眼后具1个浅色圆点，上、下唇鳞色白，鳞缘具不规则黑斑。头腹白色。体、尾背面棕黑色，体侧自颈背至尾尖各具1条橘黄色纵带。体、尾腹面略显浅黄绿色，腹鳞两侧具黑色细小斑纹，其长度不及腹鳞宽度的一半，前后连缀成腹链，其外侧至D2橘红色。背鳞19-19-17行。

中国特有种。仅分布于台湾。

① 体侧各具1条橘黄色纵带 / 产地台湾　　② 产地台湾

③ 产地台湾

④ 卵粘连在一起 / 产地台湾

无颞鳞腹链蛇

Hebius atemporalis (Bourret, 1934)

· Tonkin keelback

具腹链的小型无毒蛇。头腹污白色。第5枚上唇鳞较大，直接与顶鳞相接，无正常颞鳞。上、下唇鳞污白色，鳞缘具不规则黑斑。体色多样，黑褐色、橙灰色、棕褐色或红褐色，体前段、后段有色差，体侧各具1条浅色纵纹。枕部浅色横斑明显或隐约可见。体、尾腹面灰白色，腹鳞两侧具边界模糊的黑色短横斑，位于腹鳞游离端，前后连缀成腹链。背鳞19-19-17行。

国内分布于广西、广东、香港、贵州、云南。国外分布于越南。

① 第5枚上唇鳞较大，直接与顶鳞相接 / 产地香港　　② 体前段红褐色，体后段和尾背黑褐色 / 产地香港

③ 顶鳞很大 / 产地香港

④ 产地香港

⑤ 产地云南

⑥ 产地云南

⑦ 产地云南

⑧ 产地云南

⑨ 腹鳞两侧具黑色短横斑，前后连缀成腹链／产地云南

⑩ 产地云南

⑪ 体侧具1条浅色纵纹 / 产地云南

沙坝腹链蛇

Hebius chapaensis (Bourret, 1934)

· Sapa keelback, Vietnam water snake

具腹链的小型无毒蛇。头背棕黄色，具不规则的黑色条纹或斑点。上、下唇鳞棕黄色，鳞缘色黑。体、尾背面棕黄色，背鳞鳞缘色黑，散布黑色细碎点斑。身体两侧各具1条浅橙色或橘红色纵纹，亦有纵纹不连续者，由点斑缀连而成。腹面前段的每枚腹鳞上具3—4个大的黑色斑块，前后连缀形成数条纵纹，向后黑斑间隙逐渐变小，至尾腹黑斑完全融合。背鳞通身17行。

国内分布于云南。国外分布于越南。

① 体、尾两侧各具1条浅橘红色纵带 / 产地云南　　② 产地云南

③ 产地云南

④ 产地云南

⑤ 体腹每枚腹鳞上具3—4个黑色斑块 / 产地云南

⑥ 产地云南

白眉腹链蛇

Hebius boulengeri (Gressitt, 1937)

· White-browed keelback

具腹链的小型无毒蛇。头背黑褐色，顶斑有或不显，眼后具1条白色细纵纹，始至眶后鳞，向后延伸与体侧纵纹连续。上、下唇鳞白色，具不规则黑斑。体、尾背面黑褐色或灰褐色，体侧各具1条浅色纵纹，通达尾末，其上镶有浅橙色或橙红色点斑。腹面灰白色，腹鳞两侧具略呈方形的黑色斑块，与腹鳞几乎等宽，前后连缀成腹链。背鳞19-19-17行。

国内分布于广东、广西、香港、海南、云南、贵州、重庆、湖南、福建、江西。国外分布于越南、柬埔寨。

① 白眉腹链蛇

① 眼后具1条白色细纵纹，向后延伸与体侧纵纹连续 / 产地广东

② 体两侧各具1条浅色纵纹 / 产地云南

③ 腹鳞两侧具略呈方形的黑色斑块，前后连缀成腹链 / 产地广东

④ 产地广东

⑤ 产地广东

⑥ 产地广东

⑦ 产地广东

⑧ 产地广东

丽纹腹链蛇

Hebius optatus (Hu and Zhao, 1966)

· Pretty keelback

具腹链的小型无毒蛇。头背暗棕红色，头前半部杂有少许黑褐色斑。具1对顶斑。上、下唇鳞白色，杂以不规则黑斑。头腹白色，散布粗大黑褐色斑。眼后具1条白色纵纹向后延伸至颈部汇合。体背黑褐色或深橄榄绿色，鳞缘黑色，具若干约等距排列、长短不一、粗细不等的黄色或白色横斑，可与我国产腹链蛇属的其他种相区别。腹面黄色，腹鳞两侧具略呈方形的黑褐色斑块，斑块与腹鳞几乎等宽，前后缀连成腹链，其内侧具较小且稀疏的黑色点斑、线斑。背鳞19-19-17行。

国内分布于四川、云南、贵州、重庆、广西、湖南、湖北。国外分布于越南。

1

① 頭后具1条白色纵纹向后延伸至颈部 / 产地广西

② 体前段横纹白色，体后段横纹黄色 / 产地广东

③ 产地广东

盐边腹链蛇

Hebius yanbianensis Liu, Zhong, Wang, Liu and Guo, 2018

· Yanbian keelback snake

具腹链的小型无毒蛇。头背橄榄绿色，上、下唇鳞浅黄绿色，鳞缘黑色，头腹白色。体、尾背面深灰色或橄榄绿色，多数背鳞前端具1个或2个黄色斑点。体、尾腹面黄色，腹鳞两侧具黑色倒三角形斑，前后连缀成腹链。背鳞19-19-17行。

中国特有种。分布于四川、云南。

① 正模活体 / 产地四川

② 多数背鳞前端具1个或2个黄色斑点 / 产地云南

③ 腹面黄色，腹鳞两侧具黑色倒三角形斑，前后连缀成链纹 / 产地云南

420

桑植腹链蛇

Hebius sangzhiensis Zhou, Qi, Lu, Lyu and Li, 2019

Sangzhi keelback snake ·

具腹链的小型无毒蛇。头背棕褐色，具1对顶斑。嘴角后具1个浅棕色或米黄色斑块，其后部的细长"拖尾"与体侧纵纹相连。头腹白色。体、尾背面橄榄绿色，具黑灰色棋斑，体侧具2条浅棕色纵纹，自颈部延伸至尾尖。体、尾腹面乳白色（瓦屋山腹链蛇腹面红色），腹鳞两侧具黑色短斑纹，前后连缀成腹链，其外侧砖红色。背鳞19-19-17行。

中国特有种。仅分布于湖南。

① 正模活体 / 产地湖南

秘纹游蛇属 *Hemorrhois* Boie, 1826

花脊游蛇

Hemorrhois ravergieri (Ménétries, 1832)

· Spotted whip snake

中小型无毒蛇。通身背面灰褐色，具棕褐色斑。头背两眼间具1个不规则横斑；顶鳞上具2对左右对称的不规则斑，形似蝴蝶；枕部横列3个短纵斑，中间斑较长，两边斑较小，形似"小"字。眼后及眼下各具1条粗斑纹，分别斜达唇缘及颌部。背脊中央具近100个约等距排列的短横斑，2个横斑中间下方具较小块斑，在左右体侧排成纵列。此3行斑在尾部连成3条纵纹。通身腹面灰白色，散布细碎深色点斑。腹鳞游离端灰色，两侧具较大棕褐色点斑。

国内分布于新疆。国外分布于阿塞拜疆、俄罗斯、格鲁吉亚、亚美尼亚、土耳其、叙利亚、黎巴嫩、以色列、约旦、伊拉克、伊朗、巴基斯坦、阿富汗、土库曼斯坦、乌兹别克斯坦、塔吉克斯坦、吉尔吉斯斯坦、哈萨克斯坦、蒙古。

① 通身背面灰褐色，具棕褐色斑 / 产地新疆　　② 头背两眼间具1个不规则横斑 / 产地新疆

③ 产地新疆

④ 产地新疆

⑤ 产地新疆

平头腹链蛇

Herpetoreas platyceps (Blyth, 1855)

· Himalayan keelback

具腹链的小型无毒蛇。头背灰褐色，具1对顶斑。眼前具1条细黑纹，经眼向后斜达口角。颈部具1对镶黑边的浅色颈斑。体、尾背面橄榄棕色，散布黑色点、纵纹。腹面黄白色，腹鳞近外侧具黑点，前后缀成腹链。尾背正中具1条黑色细纵纹，尾腹的黑色点斑略呈3纵行。

国内分布于西藏。国外分布于印度、巴基斯坦、尼泊尔、不丹、孟加拉国。

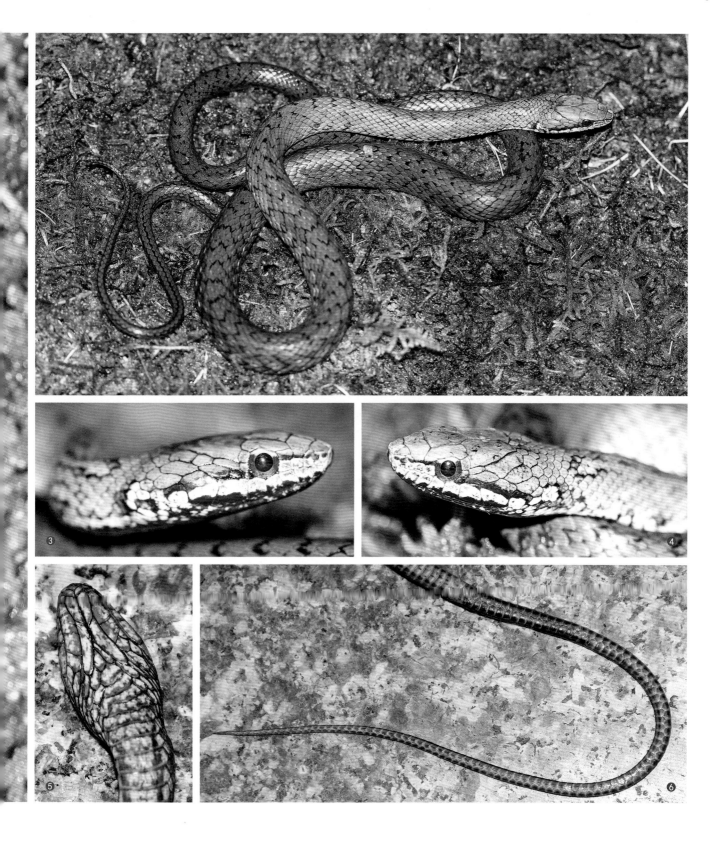

① 颈部具1对镶黑边的浅色颈斑 / 产地西藏　　　　　② 尾背正中具1条黑色细纵纹 / 产地西藏
③ 产地西藏
④ 产地西藏
⑤ 产地西藏
⑥ 尾腹的黑色点斑略呈3纵行 / 产地西藏

察隅腹链蛇

Herpetoreas burbrinki Guo, Zhu, Liu, Zhang, Li, Huang and Pyron, 2014

• Burbrink's keelback

具腹链的小型无毒蛇。头背灰褐色或黑褐色，具1对顶斑。头腹白色。体、尾背面黑褐色，体两侧各具1条微弱的浅色纵纹，体、尾腹面淡橙色，腹鳞外侧具黑斑，前后连缀成腹链。背鳞均具强棱。

国内分布于西藏。

滑鳞蛇属 *Liopeltis* Fitzinger, 1843

滑鳞蛇

Liopeltis frenatus (Günther, 1858)

Smooth-scaled snake, Striped-neck snake ·

　　中小型无毒蛇。头长椭圆形，与颈可区分。体较细长，尾较长。眼大，瞳孔圆形。头侧具1条黑色粗纵纹，自眼向后斜达颈背，并向体背延伸1—2个头长。通身背面棕褐色。体前段背鳞规律地呈现鳞沟黑色和鳞缘短白纵纹，在体背和体侧形成数条上下交替排列的白色断续波浪纵纹和黑色连续波浪纵纹。背鳞平滑，通身15行。腹面白色。

　　国内分布于西藏、云南。国外分布于印度、缅甸、老挝、越南。

① 通身背面棕褐色，背鳞平滑／产地西藏

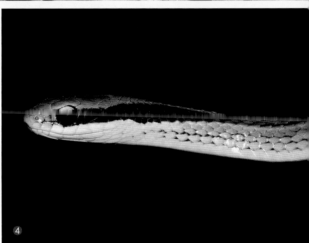

② 体前段具数条白色和黑色波浪状纵纹 / 产地云南

③ 体后段无纵纹 / 产地西藏

④ 头侧具1条黑色粗纵纹，自眼向后斜达颈背 / 产地西藏

① 体、尾背面遍布黄色不规则横纹或网纹 / 产地香港

中小型无毒蛇，攻击性强。吻较前突且宽圆。头较宽且甚扁，与颈可区分。颊鳞1枚，不入眶。前额鳞不入眶。眶前鳞1枚，眶后鳞2枚。上唇鳞9枚，下唇鳞8枚或9枚。吻鳞中央具1条黄色细横纹，经鼻鳞与上唇鳞的黄色或黄白色斑纹相连。头背无斑，枕部具1对黄色或白色横斑，中间较窄，有时断开。通身背面灰棕色或紫棕色，体、尾背面遍布黄色或白色的不规则横纹或网纹。腹面白色。背鳞平滑，17–17–15行。

国内分布于云南、广东、香港、福建、湖南（存疑）、四川（存疑）。国外分布于南亚和东南亚。

白环蛇属 *Lycodon* Boie, 1826

白环蛇

Lycodon aulicus (Linnaeus, 1758)

Common wolfsnake •

② 白色长圆形卵 / 产地不详

③ 子蛇正在出壳 / 产地不详

④ 初生子蛇 / 产地不详

⑤ 枕部具1对浅色横斑 / 产地不详

⑥ 产地不详

⑦ 头背无斑 / 产地不详

⑧ 颊鳞1枚，不入眶 / 产地云南
⑨ 产地云南
⑩ 产地云南
⑪ 体、尾背面遍布的横纹或网纹偏白色 / 产地云南
⑫ 吻端中央具细横纹 / 产地云南
⑬ 产地云南
⑭ 腹面白色 / 产地云南

细白环蛇

Lycodon subcinctus Boie, 1827

• Malayan banded wolfsnake

中小型无毒蛇，攻击性强。吻较前突且宽圆。头较宽且甚扁，与颈可区分。颊鳞1枚，略呈长三角形，尖端入眶。前额鳞入眶。无眶前鳞；眶后鳞2枚。上唇鳞8枚，下唇鳞8枚或9枚。头背灰黑色，顶部及枕部具灰白色大斑（有的个体不明显）。体前段黑色或黑褐色，具6—8个明显的污白色横斑；体后段灰褐色，横斑渐不显。背鳞17–17–15行，弱棱。腹面白色。幼体通身背面黑色，具20余个醒目的白色横斑；较同属其他种幼体，横斑间距较大。

国内分布于广西、广东、海南、香港、澳门、福建、湖南。国外分布于印度尼西亚、马来西亚、菲律宾、柬埔寨、老挝、泰国、越南。

① 幼蛇体后段和尾背白色环斑醒目 / 产地香港　② 成体体中段以后白色环斑渐不显 / 产地广东

③ 产地不详

④ 体、尾较细弱 / 产地广东

⑤ 产地广东

⑥ 产地广东

⑦ 产地广东

赤链蛇

Lycodon rufozonatus Cantor, 1842

- 火赤链、红花长虫（安徽），火练蛇、红斑蛇（福建、台湾），桑根蛇
- Red banded wolfsnake

中小型无毒蛇，攻击性强。吻较前突且宽圆。头较宽且甚扁，与颈可区分。颊鳞1枚，略呈细长三角形，尖端插入眶前鳞和上唇鳞之间入眶（有些个体不入眶）。前额鳞不入眶。眶前鳞1枚，眶后鳞2枚。头背黑褐色，鳞沟红色。枕部具倒"V"形红色斑。头腹污白色，散布少数黑褐色点斑。体、尾背面黑褐色，具约等距排列的红色横斑51—87+12—30个，横斑在外侧第5枚或第6枚背鳞处分叉达腹鳞。体、尾腹面污白色，腹鳞两侧散布黑褐色点斑。背鳞17(17-21)-17(19)-15(17)行，仅中央几行具弱棱。

国内分布于除西藏、新疆、青海、内蒙古、宁夏之外其他各地（浙江舟山）。国外分布于俄罗斯远东、朝鲜、日本、越南、老挝。

① 颊鳞细长，眶前鳞1枚 / 产地安徽　　　② 体、尾背面具红色横斑 / 产地福建

③ 产地安徽

④ 颊鳞1枚，略呈细长三角形 / 产地安徽

⑤ 产地安徽

⑥ 产地安徽

⑦ 头背黑褐色，鳞沟红色 / 产地安徽

⑧ 产地广东
⑨ 咬住蟾蜍并用身体紧紧缠住 / 产地广东
⑩ 咬住蛙的后腿 / 产地安徽

⑪ 蛙的身体已经被吞下 / 产地浙江

⑫ 亚成体体色醒目 / 产地安徽

⑬ 吃蛇 / 产地浙江

⑭ 子蛇出壳 / 产地安徽

⑮ 幼体 / 产地安徽

⑯ 产地安徽

437

⑰ 红色横斑在体侧分叉达腹鳞 / 产地浙江

白链蛇

Lycodon septentrionalis (Günther, 1875)

• White banded wolfsnake

中小型无毒蛇，攻击性强。吻较前突且宽圆。头较宽且甚扁，与颈可区分。颊鳞1枚，不入眶。前额鳞不入眶。眶前鳞1枚，眶后鳞2枚。上唇鳞8枚，下唇鳞9枚。通身背面黑褐色，头背顶部及枕部具灰白色大斑（有的个体模糊甚至不显），体、尾背面具约等距排列的白色横纹29—36+10—27个，占1—2枚背鳞宽，在体侧D5或D6处增宽达腹鳞，并延伸至腹面占3—4枚腹鳞宽。体后段横纹间距减小，到尾部间距更小。腹面前段白色，中后段黑白相间，有的个体腹鳞中部黑色不显。背鳞平滑，17-17-15行。

国内分布于云南、西藏。国外分布于印度、不丹、缅甸、泰国、老挝、柬埔寨、越南。

440

① 体、尾背面具白色横纹，在体侧加宽达腹鳞 / 产地云南　② 体后段白色横纹间距减小，到尾部间距更小 / 产地云南

③ 产地云南

④ 产地云南

⑤ 产地云南

⑥ 产地云南

⑦ 颊鳞1枚，不入眶 / 产地云南

双全白环蛇

Lycodon fasciatus (Anderson, 1879)

· Banded wolfsnake

中小型无毒蛇，攻击性强。吻较前突且宽圆。头较宽且甚扁，与颈可区分。颊鳞1枚，细长形，后端插入眶前鳞和上唇鳞之间入眶（个别个体不入眶）。眶前鳞1枚，眶后鳞2枚。上唇鳞8枚，下唇鳞以9枚为主。通身背面黑褐色，头背顶部及枕部具灰白色大斑（有的个体模糊甚至不显）。体、尾背面具棕黄色或粉白色横斑21—47+7—18个，延伸到腹面成环状且变为白色。体前段背面几个横斑常为白色，且横斑间距较大，为中后段间距的2—3倍。腹面横斑黑白相间。背鳞17-17-15行，全部平滑或中央几行略起棱。该种分布广，色斑和身体比例有些微差异，可能含有隐存种。

国内分布于云南、贵州、四川、西藏、广西、广东、福建、浙江、湖北、陕西、甘肃。国外分布于缅甸、泰国、老挝、越南、印度、不丹、尼泊尔、巴基斯坦。

① 颊鳞1枚，细长形，入眶 / 产地云南
② 体、尾背面具棕黄色或粉白色横斑 / 产地广东
③ 腹面具环斑 / 产地广东
④ 产地云南
⑤ 产地广东
⑥ 产地广东
⑦ 产地广东
⑧ 头背顶部及枕部具灰白色横斑 / 产地广东
⑨ 产地广东
⑩ 体前段背面几个横斑常为白色，且间距较大 / 产地云南
⑪ 产地云南

黑背白环蛇

Lycodon ruhstrati (Fischer, 1886)

- 黑块白环蛇
- Mountain wolfsnake

　　中小型无毒蛇，攻击性强。吻较前突且宽圆。头较宽且甚扁，与颈可区分。颊鳞1枚，不入眶。眶前鳞1枚，眶后鳞2枚。上唇鳞8枚，下唇鳞9枚。头背黑褐色或褐色，具污白色横斑。体、尾背面黑褐色，具白色横斑29—54+12—23个。横斑宽占1—2枚背鳞，在体侧变宽，其上往往散布多数褐色斑。腹面污白色，不具横斑纹。腹面具微弱侧棱。背鳞17(19)—17—15行，中央3—11行起棱。

　　国内分布于台湾、福建、广东、香港、海南、广西、云南、贵州、四川、重庆、湖北、湖南、江西、浙江、安徽、江苏、河南、北京、陕西、甘肃。国外分布于越南、老挝、日本。

① 体、尾背面具白色横斑 / 产地浙江

② 产地安徽

③ 产地安徽

④ 产地安徽

⑤ 白色横斑中夹杂较多黑色 / 产地台湾

⑥ 体色变异个体 / 产地台湾

⑦ 产地安徽

⑧ 腹面白色，不具横斑纹 / 产地安徽

⑨ 幼体 / 产地浙江
⑩ 子蛇头部伸出卵壳 / 产地浙江
⑪ 白色长圆形卵 / 产地浙江
⑫ 产地浙江
⑬ 初生子蛇头背白色横斑醒目 / 产地浙江

黄链蛇

Lycodon flavozonatus (Pope, 1928)

• 黄赤链

• **Yellow banded wolfsnake**

中小型无毒蛇，攻击性强。吻较前突且宽圆。头较宽且甚扁，与颈可区分。颊鳞1枚，不入眶。眶前鳞1枚或2枚，眶后鳞2枚。头背黑色，头背大鳞间鳞沟黄色，形成头背细网纹。枕部具1个倒"V"形黄斑。体、尾背面黑色，具约等距排列的黄色细横纹50—78+13—28个，横纹宽约占半枚鳞长，在体侧D5或D6处分叉达腹鳞。腹面污白色。背鳞17-17-15行，中段中央5—9行具弱棱。

国内分布于福建、广东、海南、广西、云南、贵州、四川、重庆、湖北、湖南、江西、浙江、安徽、河南。国外分布于缅甸、越南。

① 头背大鳞间鳞沟黄色 / 产地浙江　　② 颊鳞1枚，不入眶 / 产地安徽
③ 产地安徽
④ 体、尾背面具黄色细横纹 / 产地安徽
⑤ 黄色横纹在体侧分叉达腹鳞 / 产地浙江
⑥ 产地安徽

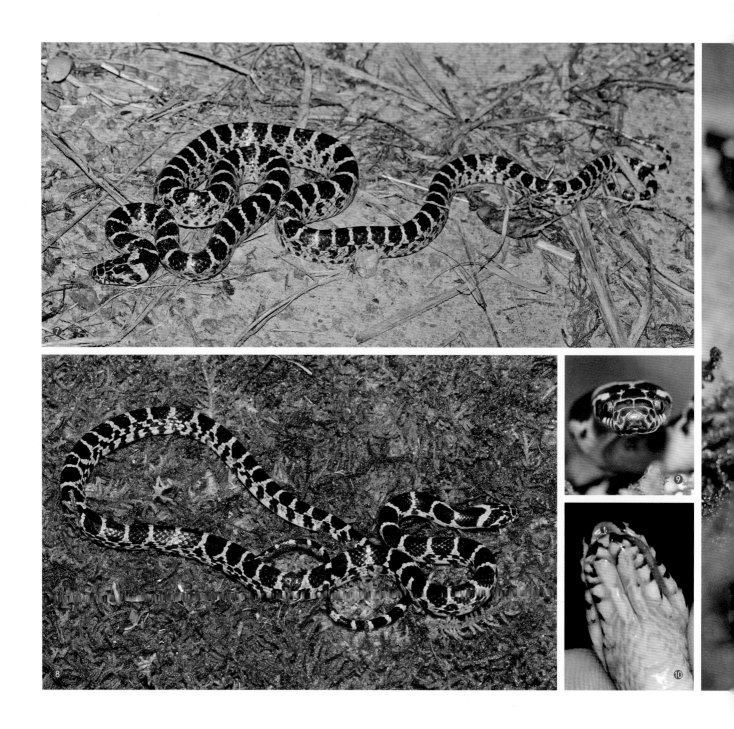

福清白环蛇

Lycodon futsingensis (Pope, 1928)

· Futsing wolfsnake

中小型无毒蛇，攻击性强。吻较前突且宽圆。头较宽且甚扁，与颈可区分。颊鳞1枚，不入眶。眶前鳞1枚，眶后鳞2—3枚。上唇鳞8枚，下唇鳞9枚。头背棕褐色或黑褐色，枕部具较宽的污白色横斑，占据头背大部。体、尾背面棕褐色或黑褐色，杂有碎黑斑的污白色或脏粉色横斑22—28+10—14个，在脊部较细，到腹部最宽。体背横斑颜色随年龄增长有所变化：幼体为白色，亚成体粉红色，成体污白色。腹面污白色，密布黑色斑，后半段几乎为黑色。背鳞平滑，17-17-15行。

国内分布于福建、广东、香港、广西、湖南、江西、浙江。国外分布于越南、老挝。

① 头背和枕部具污白色宽横斑 / 产地广东　② 幼体 / 产地香港
③ 产地广东
④ 产地广东
⑤ 产地广东
⑥ 产地浙江

南方链蛇

Lycodon meridionalis (Bourret, 1935)

Southern wolfsnake ·

　　中小型无毒蛇，攻击性强。吻较前突且宽圆。头较宽且甚扁，与颈可区分。颊鳞1枚，尖端入眶。眶前鳞1枚，眶后鳞2枚。头背黑色，头背全部鳞片鳞缘黄色，使得整个头背黑黄斑驳。体、尾背面黑色，具约等距排列的黄色横纹84—115+25—35个，横纹宽约占1枚鳞长，在体侧D5或D6处分叉达腹鳞，分叉纹较宽，使得体侧以黄色为主。腹面淡黄色，前段无斑，后1/3体腹和尾腹具深色斑点。背鳞17-17-15行，外侧背鳞平滑。

　　国内分布于广西、云南。国外分布于越南、老挝。

① 体背黄色横纹在体侧分叉 / 产地云南

② 整个头背黑黄斑驳 / 产地不详

③ 幼体 / 产地不详

粉链蛇

Lycodon rosozonatus (Hu and Zhao, 1972)

• 火甲蛇（海南）
• Pink banded wolfsnake

中小型无毒蛇，攻击性强。吻较前突且宽圆。头较宽且甚扁，与颈可区分。颊鳞1枚。眶前鳞1枚（个别一侧无眶前鳞），眶后鳞2枚。头背黑褐色，枕部具1个倒"V"形粉色斑。体背黑褐色，具粉色横斑28—35+8—13个，横斑宽度占1—2枚背鳞长，每个横斑在D5或D6处分叉达腹鳞，尾后段的横斑两端分叉不明显，横斑上或多或少散布黑褐色碎点。腹面前1/4灰白色，往后散布黑褐色碎斑。背鳞19(18)-19-15(17)行，中段中央3—9行具弱棱，成体脊鳞明显大于相邻背鳞。

中国特有种。仅分布于海南。

① 颊鳞1枚，下入眶 / 产地海南
② 体、尾背面具粉色横斑 / 产地海南
③ 产地海南
④ 产地海南

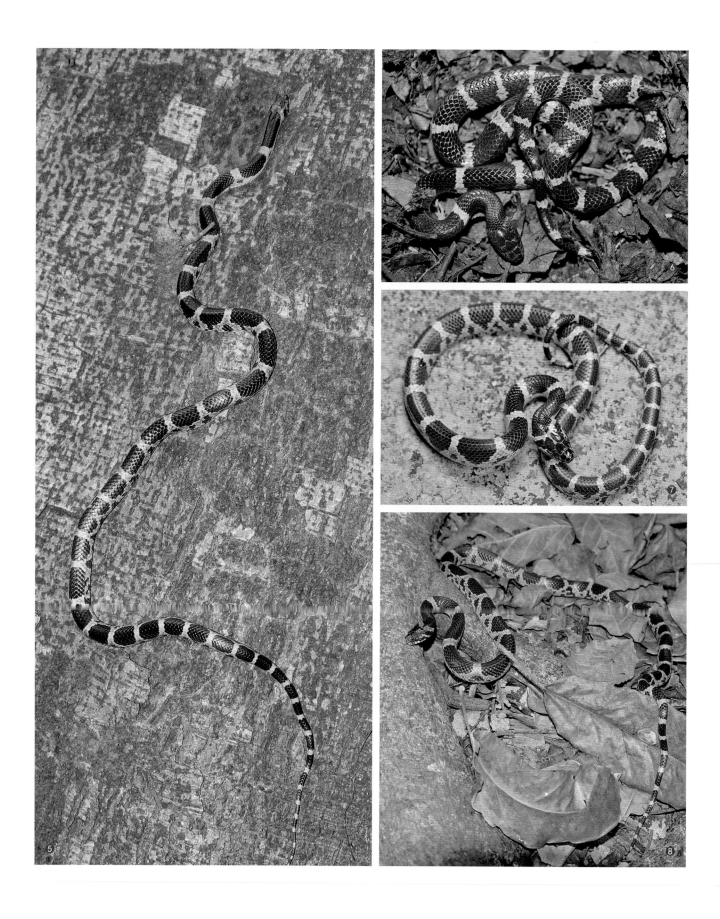

⑤ 产地海南

⑥ 亚成体 / 产地海南

⑦ 幼体 / 产地海南

⑧ 产地海南

横纹白环蛇

Lycodon multizonatus (Zhao and Jiang, 1981)

Luding wolfsnake ·

中小型无毒蛇，攻击性强。吻较前突且宽圆。头较宽且甚扁，与颈可区分。颊鳞1枚，入眶。眶前鳞1枚或无，眶后鳞2枚。头背黑色，枕部具不规则橘黄色斑。体背黑色横斑和橘黄色横斑间隔排列，黑色横斑54—73+11—19条，宽度占2—3枚背鳞长。若干相邻黑色横斑常在体侧断开，断裂处细窄而色浅，在体侧形成浅色短线纹纵列。腹面具前后间隔排列的不规则的黑白横斑。背鳞平滑，17(19)-17-15行。

中国特有种。分布于四川、甘肃。

① 体、尾背面黑色和橘黄色横斑间隔排列 / 产地四川
② 产地四川

东川白环蛇

Lycodon synaptor Vogel and David, 2010

· Boehme's wolfsnake

中小型无毒蛇，攻击性强。吻较前突且宽圆。头较宽且甚扁，与颈可区分。颊鳞1枚，不入眶。眶前鳞1枚，眶后鳞2枚。上唇鳞8枚，下唇鳞8枚。头背黑褐色，枕部具不明显的污白色宽横斑。体背黑色，具白色细横纹31+9条。背鳞17-17-15行，仅中央6—7行具棱。腹面具前后间隔排列的较规则的黑白横斑，黑色横斑大多宽于白色横斑。

中国特有种。仅分布于云南。

① 枕部具不明显的污白色宽横斑 / 产地云南　　② 体、尾背面具白色横纹 / 产地云南
③ 体、尾腹面具前后间隔排列的较规则的黑白横斑 / 产地云南
④ 产地云南

贡山白环蛇

Lycodon gongshan Vogel and Luo, 2011

· Gongshan wolfsnake

中小型无毒蛇，攻击性强。吻较前突且宽圆。头较宽且甚扁，与颈可区分。颊鳞1枚，窄长，入眶。眶前鳞1枚，眶后鳞2枚。上唇鳞8枚，下唇鳞8枚。通身背面黑色或橄榄褐色，体、尾背面具边界不规则的白色或棕黄色横斑32—67+13—24条，横斑上杂有黑色碎斑。第1个白环始于第4—7行腹鳞。腹面具前后间隔排列的较规则的约等宽的黑白横斑。背鳞17-17-15行，仅中央6行具弱棱。

国内分布于云南、四川、西藏。

① 颊鳞1枚，窄长，入眶 / 产地云南　　② 体、尾背面具白色横纹 / 产地云南
③ 产地云南
④ 产地云南
⑤ 产地云南
⑥ 产地云南
⑦ 产地云南
⑧ 体、尾背面具棕黄色横纹 / 产地云南
⑨ 产地云南

刘氏白环蛇

Lycodon liuchengchaoi Zhang, Jiang, Vogel and Rao, 2011

· Liu's wolfsnake

中小型无毒蛇，攻击性强。吻较前突且宽圆。头较宽且甚扁，与颈可区分。颊鳞1枚，入眶。眶前鳞1枚，眶后鳞2枚。上唇鳞8枚，下唇鳞8枚或9枚。头背暗褐色，枕部具淡黄色或黄色宽横斑。体、尾背面黑褐色，具25—47+7—15个淡黄色或黄色横斑，延伸到腹面成环状且变为白色。腹面横斑黑白相间。背鳞17-17-15行，中央几行具弱棱。该种分布广，色斑和身体比例有些微差异，可能含有隐存种。

中国特有种。分布于四川、湖南、广东、浙江、安徽、河南、陕西、山西。

① 颊鳞1枚，入眶 / 产地浙江
② 枕部具淡黄色宽横斑 / 产地陕西
③ 初生子蛇 / 产地陕西
④ 体、尾背面具淡黄色横斑 / 产地浙江
⑤ 产地浙江
⑥ 腹面 / 产地陕西

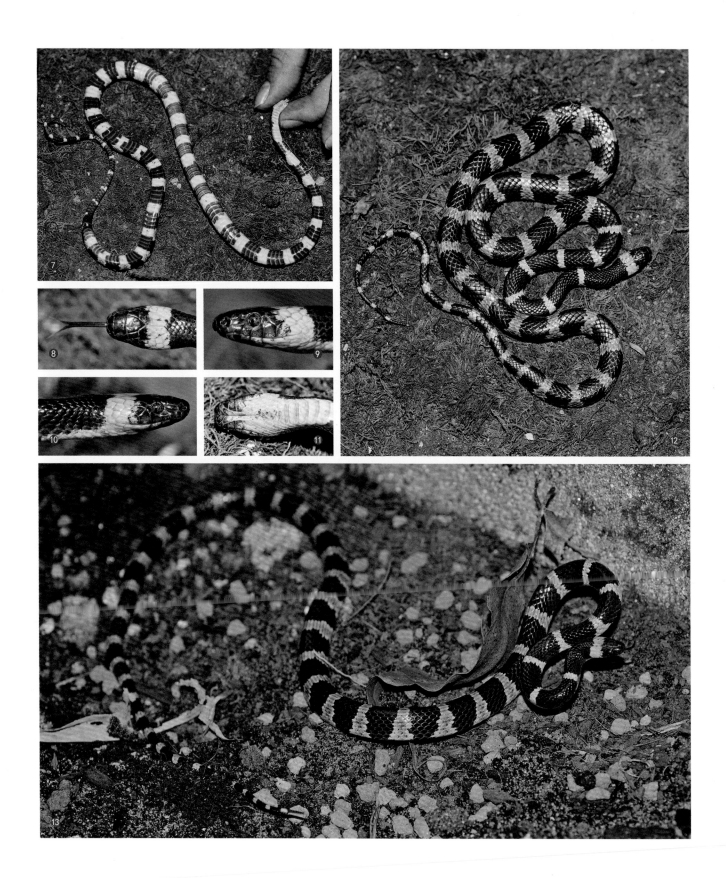

⑦ 腹面横斑黑白相间 / 产地浙江
⑧ 产地浙江
⑨ 产地浙江
⑩ 产地浙江
⑪ 产地浙江
⑫ 产地浙江
⑬ 产地浙江

花坪白环蛇

Lycodon cathaya Wang, Qi, Lyu, Zeng and Wang, 2020

- Huaping wolfsnake

中小型无毒蛇，攻击性强。吻较前突且宽圆。头较宽且甚扁，与颈可区分。颊鳞1枚，入眶。眶前鳞1枚，眶后鳞2枚。上唇鳞8枚，下唇鳞9枚。头背黑色，具1个脏粉色宽横斑，占据头背大部。体、尾背面黑色，具31—35+13—16条脏粉色横斑。在脊部中央横斑的宽度约占2枚背鳞长，在脊侧开始加宽，到体侧相邻横纹融合。从背部看，横纹间黑色呈现椭圆形，一直延伸到尾尖。体侧具小黑斑，前后缀连成纵列，小黑斑位于体背相邻2个椭圆形黑斑中间的下方。腹鳞两边灰白色，腹鳞中央密布黑斑，形成腹面中央1条宽纵带。尾腹浅棕色。背鳞平滑，17-17-15行。

国内分布于广西。

① 头背具1个脏粉色宽横斑，占据头背大部 / 产地广西
② 横纹间黑色呈现椭圆形，一直延伸到尾尖 / 产地广西

468

察隅链蛇

Lycodon zayuensis Jiang, Wang, Jin and Che, 2020

Zayu wolfsnake ·

中型无毒蛇，攻击性强。吻较前突且宽圆。头较宽且甚扁，与颈可区分。颊鳞1枚，不入眶。眶前鳞1枚，眶后鳞2枚。头背黑色，具少数不规则的小黄斑，枕部具倒"V"形黄斑。体、尾背面黑色，具约等距排列的黄色细横纹约120个，横纹宽约占半枚鳞长，在体侧D2或D3处分叉达腹鳞。腹面前段黄色、后段具黑斑。背鳞17-17-15行，中间7—11行弱棱。

国内分布于西藏。国外分布于缅甸。

① 产地西藏
② 产地西藏
③ 体尾背面具黄色细横纹／产地西藏

颈棱蛇

Pseudoagkistrodon rudis Boulenger, 1906

• 伪蝮蛇（安徽），老憨蛇（江西），
拟龟壳花（台湾）

• False viper, Red keelback, False habu

中小型无毒蛇。头较大，略呈三角形。体粗壮，尾短。受惊扰时，颈部肌肉收缩，颌骨后端扩张，三角形头部更明显，加之体背圆斑排列似短尾蝮，故别名"伪蝮蛇"。头背深褐色，头侧橘红色或橘黄色。头侧具1条黑色眉纹，自吻端经眼向后达颈侧。体、尾背面灰褐色或黄褐色，正背面具几十对约等距排列的椭圆形褐色大斑，颈背几对色更深，常左右相连；体前段斑较大，向后逐渐变小。不相连的成对椭圆斑后常跟随横列的3个小圆斑，脊部1个，体两侧各1个，它们分别在脊部和体侧前后排成纵列。头腹黄白色，向后颜色逐渐加深，自身体前1/3处开始，后段黑褐色，并密布黑色碎点。

国内分布于云南、贵州、四川、广西、广东、福建、台湾、江西、湖南、浙江、安徽、河南。

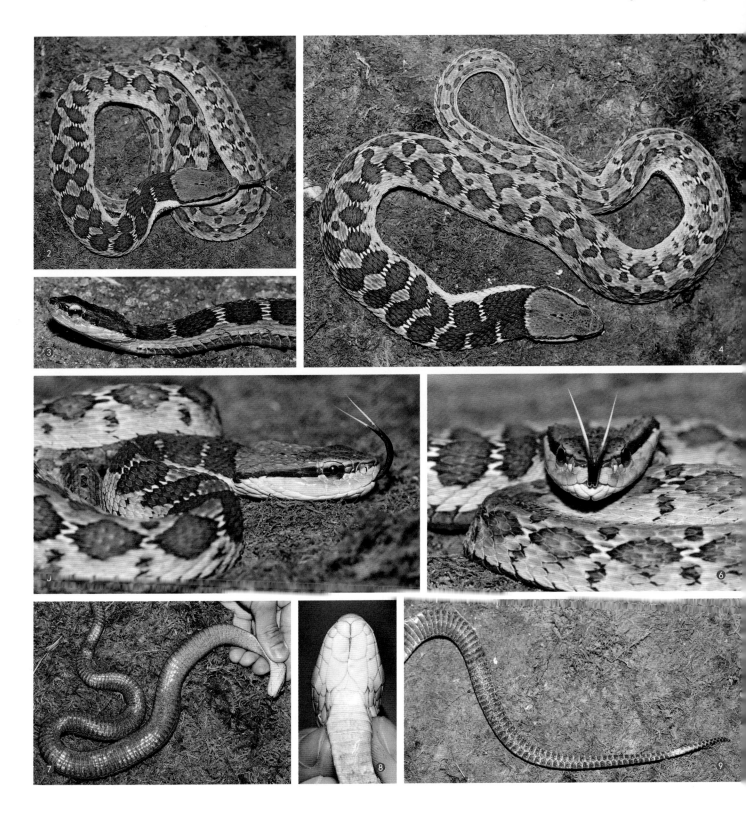

① 头呈三角形，体粗壮 / 产地浙江　② 正背具2纵列椭圆形大斑 / 产地安徽
③ 产地安徽
④ 产地安徽
⑤ 黑眉过眼 / 产地安徽
⑥ 产地安徽
⑦ 产地安徽
⑧ 产地安徽
⑨ 产地安徽

⑩ 产地浙江

⑪ 产地安徽

⑫ 吞食蟾蜍／产地广东

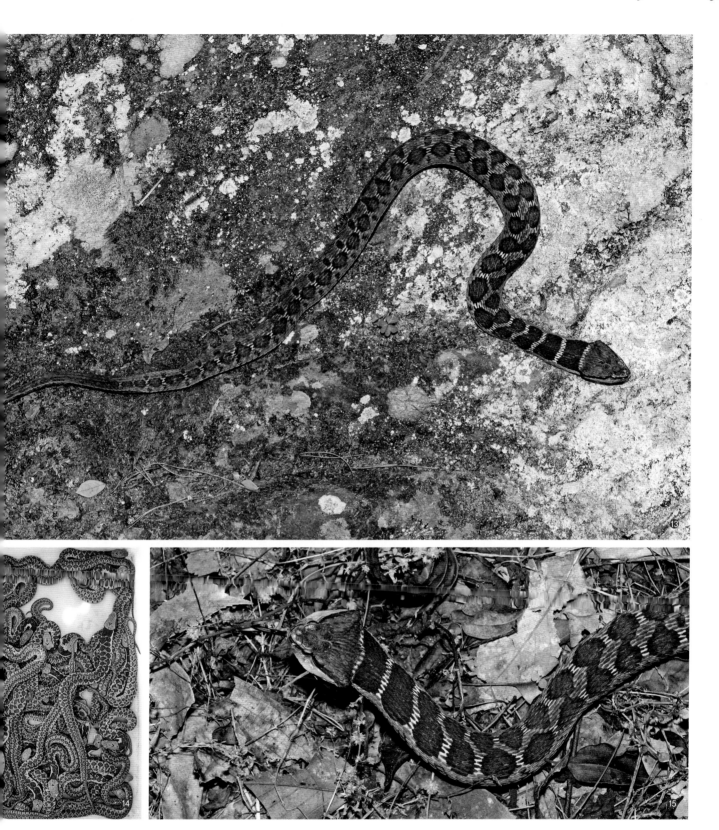

⑬ 产地安徽

⑭ 初生子蛇 / 产地安徽

⑮ 产地安徽

①

水游蛇属 *Natrix* Laurenti, 1768

水游蛇

Natrix natrix (Linnaeus, 1758)

• Common grass snake, Common water snake

中小型半水栖无毒蛇。通身背面橄榄绿色，枕侧具1对醒目的前后镶黑边的橘黄色斑，常左右相连。上、下唇及头腹污白色，上唇鳞前后鳞缘色黑，形成头侧6条醒目的黑竖纹。背鳞鳞沟色黑，有的背鳞鳞缘具白点。体、尾腹面灰白色，每枚腹鳞相接处色黑，形成腹面100余条黑色横纹，从前向后，横纹逐渐变粗，到尾部近似全黑。

国内分布于新疆。国外分布于欧洲及非洲西北，向东到中亚及蒙古西北部，南到伊朗及土耳其。

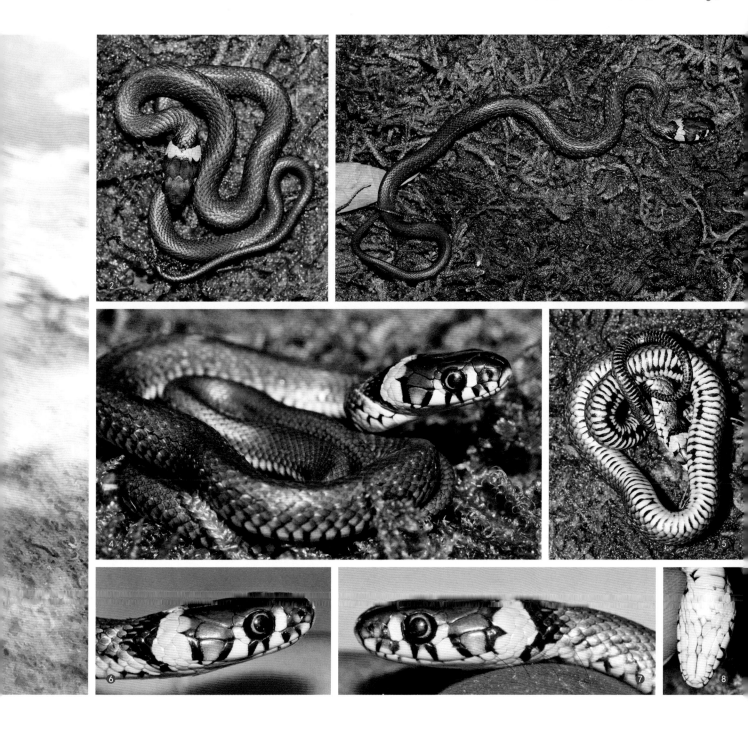

① 半水栖生活 / 产地新疆　　　② 枕侧橘黄色斑，左右相连 / 产地新疆

③ 产地新疆

④ 头侧具6条醒目的黑竖纹 / 产地新疆

⑤ 产地新疆

⑥ 产地新疆

⑦ 产地新疆

⑧ 产地新疆

棋斑水游蛇

Natrix tessellata (Laurenti, 1768)

• Dice snake

中小型半水栖无毒蛇。头背橄榄灰色，枕部具1个棕色"八"字形斑，杂以黑色。上、下唇鳞灰白色，唇鳞后缘灰黑色，形成头侧若干短竖纹。头腹白色。体、尾背面浅棕色或橄榄灰色，具数行交错排列的棕色块斑，形似"棋盘"，故名棋斑水游蛇。体、尾腹面黄白色或红棕色，具交错排列的黑色斑块，体后部腹面斑块更密。

国内分布于新疆。国外分布于中欧、东欧，经中东到阿富汗、巴基斯坦、土库曼斯坦、塔吉克斯坦、乌兹别克斯坦、吉尔吉斯斯坦、哈萨克斯坦。

① 体、尾背面具数行交错排列的棕色块斑，形似"棋盘" / 产地新疆　　② 产地新疆

③ 体后部腹面斑块更密 / 产地新疆

④ 产地新疆

⑤ 枕、颈背面具1个"八"字形斑 / 产地新疆

⑥ 眶后鳞较多，大小不一 / 产地新疆

⑦ 产地新疆

⑧ 产地新疆

⑨ 产地新疆

⑩ 产地新疆

⑪ 产地新疆

小头蛇属 *Oligodon* Boie, 1826

喜山小头蛇

Oligodon albocinctus (Cantor, 1839)

• Light-barred kukri snake

中小型无毒蛇。头较小，与颈区分不明显。吻鳞较大，弯向头背。头背具形似"灭"字的污白色斑纹。通身背面棕色略带紫色或红色，体、尾背面具18—24+4—8个约等距排列的镶黑边的污白色或紫褐色窄横纹，横纹约为1枚背鳞宽。腹面灰白色，腹鳞一侧或两侧具黑褐色斑。

国内分布于西藏、云南。国外分布于印度、缅甸、孟加拉国、尼泊尔、不丹、越南。

① 头背具形似"灭"字的斑纹 / 产地云南　　　② 体、尾背面具镶黑边的污白色横纹 / 产地云南
③ 产地云南
④ 产地云南
⑤ 产地云南
⑥ 产地云南
⑦ 产地云南
⑧ 体色偏深个体 / 产地云南

紫棕小头蛇

Oligodon cinereus (Günther, 1864)

- 棕秤杆蛇
- Ashy kukri snake, Günther's kukri snake

中小型无毒蛇。头较小，与颈区分不明显。吻鳞较大，弯向头背。头背无斑（相似种台湾小头蛇，头背具略似"灭"字形斑）。通身背面紫棕色或红褐色，部分背鳞鳞缘色黑，形成几十个约等距排列的略呈细波浪状黑色横纹。腹面黄白色。

国内分布于云南、贵州、广西、广东、海南、香港、福建。国外分布于柬埔寨、越南、老挝、泰国、马来西亚、缅甸、孟加拉国、不丹、印度。

① 头较小，与颈区分不明显 / 产地不详　　⑤ 紫棕色个体 / 产地广东

② 产地不详　　　　　　　　　　　　　　⑥ 产地广东

③ 头背无斑 / 产地不详　　　　　　　　　⑦ 红褐色个体 / 产地海南

④ 产地香港　　　　　　　　　　　　　　⑧ 产地不详

　　　　　　　　　　　　　　　　　　　⑨ 刚出壳的子蛇 / 产地不详

　　　　　　　　　　　　　　　　　　　⑩ 粘连的卵 / 产地不详

　　　　　　　　　　　　　　　　　　　⑪ 产地不详

束纹小头蛇

Oligodon fasciolatus (Günther, 1864)

• **Fasciolated kukri snake**

中小型无毒蛇。头较小，与颈区分不明显。吻鳞较大，弯向头背。头背具典型的镶黑边的深棕色"灭"字形斑纹。通身背面浅棕黄色，部分背鳞鳞缘色黑，形成稀疏的网状斑纹。体、尾背面具4条深色纵纹；中间2条与头背斑纹相连，紧贴脊部直达尾末，宽为2—3枚背鳞，从尾部前半开始变为1.5枚尾背鳞宽；外侧2条位于体侧，仅约半枚背鳞宽，止于肛部。腹鳞中部嫩粉色，形成腹面宽纵带，腹鳞两边白色。

国内分布于云南。国外分布于泰国、缅甸、老挝、越南。

① 吻背横纹过眼 / 产地云南　　② 体背具稀疏的网状斑纹 / 产地云南

③ 体、尾背面具4条深色纵纹 / 产地云南

④ 产地云南

⑤ 产地云南

⑥ 产地云南

⑦ 产地云南

⑧ 腹部中央具宽纵带 / 产地云南

台湾小头蛇

Oligodon formosanus (Günther, 1872)

• 赤背松柏根、花秤杆蛇（台湾）

• **Taiwan kukri snake**

中小型无毒蛇。头较小，与颈区分不明显。吻鳞较大，弯向头背。头背具略似"灭"字形的红褐色或深棕色斑（相似种紫棕小头蛇的头背无斑）。通身背面紫褐色或棕色，体色变异较大。部分背鳞鳞缘色黑，形成几十个约等距排列的黑横纹。有的个体背部具1—4条红褐色纵纹。腹面黄白色。

国内分布于台湾、福建、广东、海南、香港、澳门、广西、贵州、湖南、江西、浙江、江苏。国外分布于越南。

① 头背具斑 / 产地海南　　② 产地海南
③ 产地广东
④ 产地海南
⑤ 产地海南
⑥ 产地海南
⑦ 产地海南
⑧ 体色变异较大 / 产地台湾
⑨ 产地台湾
⑩ 产地台湾
⑪ 产地台湾

中国小头蛇

Oligodon chinensis (Günther, 1888)

· 秤杆蛇

· Chinese kukri snake

中小型无毒蛇。头较小，与颈区分不明显。吻鳞较大，弯向头背。头背具2个黑褐色斑：前者弧形，从吻背经眼斜达第5、6上唇鳞，有的个体弧形前端尖出略呈三角形；后者倒"V"形，两边斜达颈侧。通身背面褐色或灰褐色，具约等距排列的黑褐色横斑纹14—20条，每2条横斑之间常具1条黑色细横纹。有的个体背脊具1条红色或黄色脊纹。腹面淡黄色，散布左右较对称的略呈方形的黑色小斑。腹鳞具侧棱，侧棱处色白。有的幼体腹面偏后段中间具1条红线。

国内分布于江西、福建、广东、海南、广西、云南、贵州、四川、重庆、湖南、湖北、安徽、浙江、江苏、河南。国外分布于越南。

① 体背粗细横斑交替排列 / 产地广东　② 头背具2个黑褐色斑纹：前者弧形，后者倒 "V" 形 / 产地浙江
③ 产地浙江
④ 产地安徽
⑤ 产地安徽
⑥ 产地安徽
⑦ 尾善卷曲 / 产地安徽
⑧ 头背第1条横纹过眼 / 产地安徽
⑨ 产地安徽
⑩ 吻鳞较大 / 产地安徽

饰纹小头蛇

Oligodon ornatus Van Denburgh, 1909

- 赤腹松柏根、黄腹红宝蛇（台湾）
- **Ornate kukri snake, Red belly kukri snake**

中小型无毒蛇。头较小，与颈区分不明显。吻鳞较大，弯向头背。具鼻间鳞（相似种龙胜小头蛇无鼻间鳞）。头背具3个倒"V"形深褐色斑，第3个呈"爱心"形。通身背面浅褐色，体、尾背面具深褐色波浪状横纹约10条。具4条深色纵带、纵纹：中间2条纵带与头背斑纹相连，紧贴脊部直达尾末，宽约2枚背鳞；外侧2条纵纹位于体侧，仅约半枚背鳞宽，止于肛部。腹面正中具1条红色纵带，其两侧具大小不等、排列不对称的黑色小方斑。腹鳞两侧白色。

中国特有种。分布于台湾、福建、广东、广西、四川、湖南、江西、安徽、浙江

① 腹面中间具红色纵带 / 产地台湾　　② 体、尾背面具波浪状横纹 / 产地广西

③ 产地湖南

④ 尾善卷曲 / 产地湖南

⑤ 头背具3个倒 "V" 形斑，第3个呈 "爱心" 形 / 产地湖南

⑥ 产地湖南

⑦ 产地湖南

⑧ 产地湖南

⑨ 产地湖南

⑩ 产地湖南

⑪ 产地台湾

⑫ 产地台湾

⑬ 产地台湾

泰北小头蛇

Oligodon joynsoni (Smith, 1917)

· Grey kukri snake, Joynson's kukri snake

中小型无毒蛇。头较小，与颈区分不明显。吻鳞较大，弯向头背。头背具略似"灭"字形的深褐色斑。通身背面浅褐色，部分背鳞鳞缘色黑，形成稀疏的网状斑纹。腹面粉红色，腹鳞具黑斑，前段较稀疏，后段密集。

国内分布于云南。国外分布于泰国、老挝。

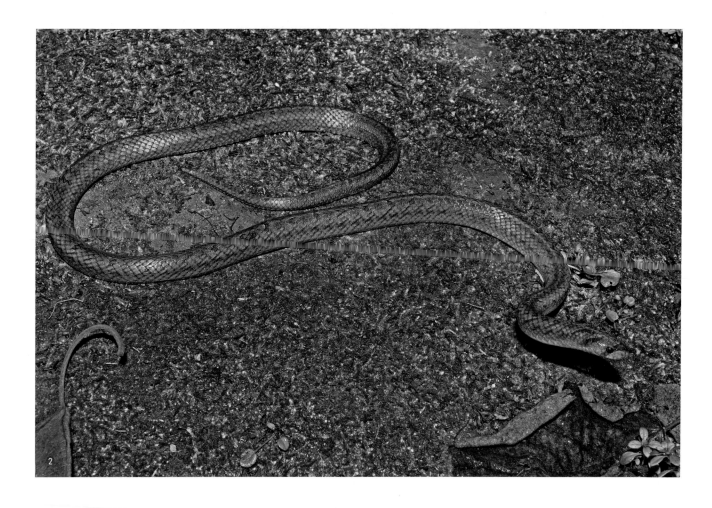

① 腹面粉红色，具黑斑 / 产地云南
② 通身背面浅褐色，具稀疏的网状斑纹 / 产地云南

中小型无毒蛇。头略呈梯形，与颈区分不明显。吻鳞较大，弯向头背。头背具2个镶黑边的倒"V"形斑：前者浅棕色，后者带白色。体、尾背面浅棕色或黑色，具轮廓不清晰的黑横斑20+4个。腹面白色，具不规则黑横斑，多数与腹鳞等宽。

国内分布于西藏。

黑带小头蛇

Oligodon melanozonatus Wall, 1922

Black-striped kukri snake ·

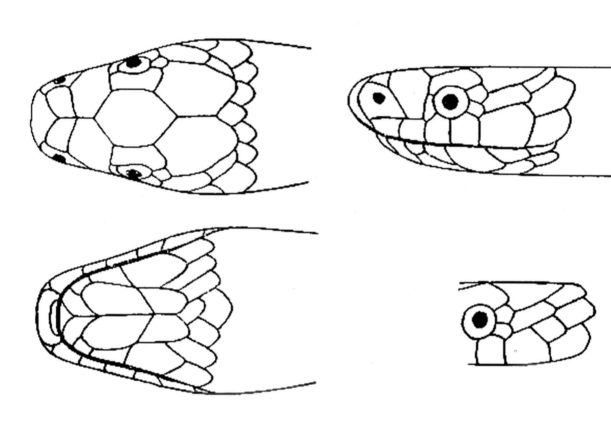

❶

❶ 引自 Wall, 1922

圆斑小头蛇

Oligodon lacroixi Angel and Bourret, 1933

· 秤杆蛇（四川）
· Lacroix's kukri snake

中小型无毒蛇。头较小，与颈区分不明显。吻鳞较大，弯向头背。没有鼻间鳞。头背灰黑色，具略呈"灭"字形的浅色斑。体、尾背面具4条灰黑色纵带、纵纹：脊部具2条纵带，直达尾尖；体侧具2条纵纹，达肛侧。背脊正中具约等距排列的镶灰黑边的橘黄色小圆斑20余个。腹面橘红色，部分腹鳞两侧具黑色方斑，尾腹无斑。

国内分布于云南、四川。国外分布于越南。

① 背脊正中具小圆斑 / 产地云南　　② 尾善卷曲 / 产地云南

③ 体、尾背面具4条灰黑色纵纹 / 产地云南

④ 产地云南

⑤ 产地云南

⑥ 产地云南

⑦ 产地云南

⑧ 通身腹面橘红色 / 产地云南

⑨ 头腹色略浅 / 产地云南

⑩ 尾腹无斑 / 产地云南

龙胜小头蛇

Oligodon lungshenensis Zheng and Huang, 1978

· Longsheng kukri snake

中小型无毒蛇。头较小，与颈区分不明显。吻鳞较大，弯向头背。没有鼻间鳞（相似种饰纹小头蛇，有鼻间鳞）。头背具3个倒"V"形深褐色斑，第3个呈"爱心"形。通身背面浅褐色，体、尾背面具深褐色波浪状横纹约10条。具4条深色纵带、纵纹：中间2条纵带与头背斑纹相连，紧贴脊部直达尾末，宽约2枚背鳞；外侧2条纵纹位于体侧，仅约半枚背鳞宽，止于肛部。腹面正中具1条较粗的橘红色纵纹，其两侧具大小不等、排列不对称的黑色小方斑。腹鳞两侧白色。

中国特有种。分布于广西、贵州、重庆、湖南。

① 头、体背面似饰纹小头蛇，没有鼻间鳞 / 产地湖南

中小型无毒蛇。头较小，与颈区分不明显。吻鳞较大，弯向头背。头背具镶黑边的"灭"字形褐色斑。通身背面浅褐色，体、尾背面具27—37+5—8个近似方形的深色斑，方斑中间色略浅。头腹色浅、腹面前段橘黄色，腹鳞两侧具黑斑。体中段以后，黑斑密集。至尾腹黑斑渐少，尾末无斑。

国内分布于广西。国外分布于越南、老挝。

方斑小头蛇

Oligodon nagao David, Nguyen, Nguyen, Jiang, Chen, Teynié and Ziegler, 2012

Nagao kukri snake •

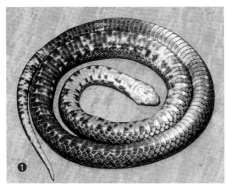

① 头腹、体前段和尾腹斑较少 / 产地广西

② 尾善卷曲 / 产地广西

③ 体、尾背面具近似方形的深色斑 / 产地广西

495

墨脱小头蛇

Oligodon lipipengi Jiang, Wang, Li, Ding, Ding and Che, 2020

· Medog kukri snake

中小型无毒蛇。头椭圆形，与颈区分不明显。吻鳞较大，弯向头背。头背具典型的镶黑边的深褐色"灭"字形斑纹。通身背面棕灰色或棕红色，部分背鳞鳞缘色黑。体、尾背面具23—24+4—5个镶黑边的不规则深棕色斑纹。腹面黄白色，从颈部至尾中段腹部中央具红色纵纹，腹鳞两侧具黑色方斑，少数在腹鳞中央左右相连。

国内分布于西藏。国外分布于尼泊尔。

① 体、尾背面具不规则深棕色斑纹／产地西藏　　　② 产地西藏

③ 产地西藏

④ 头背具典型的"灭"字形斑纹／产地西藏

⑤ 大多数腹鳞两侧具方斑／产地西藏

滞卵蛇属 *Oocatochus* Helfenberger, 2001

红纹滞卵蛇

Oocatochus rufodorsatus (Cantor, 1842)

· 水蛇、白线蛇、三线蛇

· Red-backed ratsnake

中小型半水栖无毒蛇。体色、色斑变异较大。头背具套叠的倒"V"形黑褐色纹，其分支向后与背面的纵纹相连。头侧具1条黑色眉纹，约与眼等宽，斜向口角并与体侧纵纹相接。背面以纵纹为主，背脊正中具1条红色纵纹（部分个体红色不明显），两侧各有2条暗褐色纵纹，有时断离为点斑或呈不完整的弧形斑。腹面鹅黄色或乳白色，具黑色方斑，向后黑斑逐渐变多，到肛门附近消失。

国内分布于浙江、安徽、江西、福建、上海、江苏、山东、天津、北京、黑龙江、辽宁、吉林、内蒙古、河北、山西、河南、湖北、湖南、重庆、台湾、广东、广西。国外分布于朝鲜、俄罗斯。

① 背脊正中具1条红色纵纹，两侧具黑纵纹 / 产地安徽　　② 体前半段黑纵纹不连续 / 产地吉林
③ 产地安徽
④ 体腹具黑色方斑 / 产地吉林
⑤ 产地安徽
⑥ 产地安徽
⑦ 产地安徽
⑧ 产地安徽

后棱蛇属 *Opisthotropis* Günther, 1872

香港后棱蛇

Opisthotropis andersonii (Boulenger, 1888)

· Anderson's stream snake

小型半水栖无毒蛇。头小且扁平，与颈区分不明显。眼小无神。前额鳞单枚。鼻鳞完整，鼻间鳞较窄，鼻孔背侧位。颊鳞1枚，不入眶（相似种山溪后棱蛇，颊鳞入眶）。眶前鳞1枚或2枚，或者没有眶前鳞，眶后鳞2枚。上唇鳞8枚，下唇鳞9枚。体、尾背面橄榄绿色或橄榄棕色，部分个体背鳞中间具浅黄色纵纹，前后连缀成细纵纹。腹面浅黄色，个别标本腹鳞中线处具黑色点斑。背鳞通身17行，前段光滑无棱，中段起弱棱，后段与尾部起棱增强。

国内分布于香港、广东。国外分布于越南。

① 颊鳞1枚，不入眶 / 产地香港　　② 体色偏深个体 / 产地广东

③ 产地香港

④ 产地广东

⑤ 前额鳞单枚，前缘倒"V"形 / 产地香港

⑥ 体后段与尾部背鳞强棱 / 产地香港

山溪后棱蛇

Opisthotropis latouchii (Boulenger, 1899)

· Latouch's stream snake

小型半水栖无毒蛇。头小且扁平，与颈区分不明显。眼小无神。前额鳞单枚。鼻鳞完整，鼻间鳞较窄，鼻孔背侧位。颊鳞1枚，入眶。没有眶前鳞或个别单侧具1枚，眶后鳞2枚。体、尾背面黑褐色、棕褐色、暗橄榄色，每枚背鳞中央具1条黄色纵纹，首尾相连形成数条黄色细纵纹，黑色鳞缘亦前后连缀成数条黑色细纵纹，黑黄相间的细纵纹直达尾末。腹面浅黄白色。背鳞通身17行，中央7—15行起棱。

中国特有种。分布于福建、广东、广西、贵州、重庆、湖南、江西、安徽、浙江。

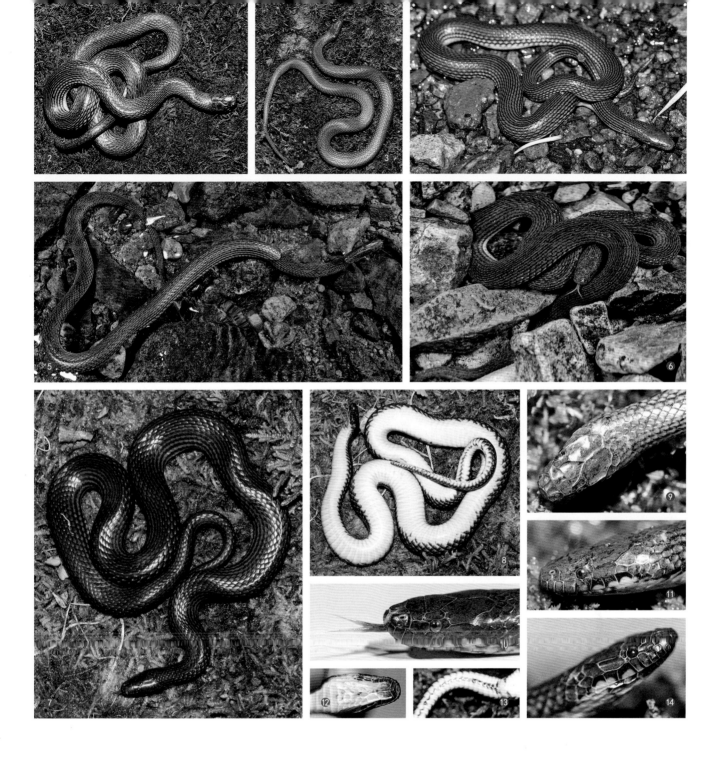

① 颊鳞1枚，入眶 / 产地浙江　② 产地安徽

③ 产地安徽

④ 体、尾背面数条黑黄相间的细纵纹直达尾末 / 产地福建

⑤ 产地浙江

⑥ 体色偏褐个体 / 产地浙江

⑦ 体色偏黑个体 / 产地安徽

⑧ 腹面浅黄白色 / 产地安徽

⑨ 前颞鳞单枚 / 产地安徽

⑩ 产地浙江

⑪ 产地安徽

⑫ 产地安徽

⑬ 产地安徽

⑭ 产地安徽

侧条后棱蛇

Opisthotropis lateralis Boulenger, 1903

· Bi-coloured stream snake

小型半水栖无毒蛇。头小且扁平，与颈区分不明显。眼小无神。前额鳞单枚。鼻鳞完整，鼻间鳞较窄，鼻孔背侧位。颊鳞1枚，不入眶。眶前鳞1枚或2枚，眶后鳞2枚或3枚。体、尾背面褐色，背鳞D3上半和D4下半暗褐色或黑褐色，前后缀连成深色侧纵纹，故名"侧条"后棱蛇（此种主要鉴别特征）。背鳞D1、D2和D3下半浅橘色。腹面黄白色，背腹二色截然分明。背鳞通身17行，最外3行背鳞平滑，其余背鳞前段平滑，后段具强棱。

国内分布于广西、广东、香港、云南、贵州、海南、湖南。国外分布于越南。

① 前额鳞单枚 / 产地香港　　　② 颊鳞1枚，不入眶 / 产地广东

③ 背鳞D3上半和D4下半黑褐色，前后缀连成"侧条" / 产地不详

④ 背腹二色截然分明 / 产地不详

福建后棱蛇

Opisthotropis maxwelli Boulenger, 1914

• Maxwell's stream snake

小型半水栖无毒蛇。头小且扁平，与颈区分不明显。眼小无神。前额鳞单枚。鼻鳞完整，鼻间鳞较窄，鼻孔背侧位。颊鳞1枚，入眶或不入眶。眶前鳞或1枚或2枚或无，眶后鳞2枚。体、尾背面橄榄棕色或橄榄绿色，腹面黄色或浅黄色。背鳞通身17行，最外2—4行平滑，其余背鳞前段平滑或具弱棱，中后段逐渐增强。

中国特有种。分布于福建、广东、广西、江西。

① 通身背面橄榄绿色 / 产地广东　　② 产地广东

③ 颊鳞1枚，入眶 / 产地广东

④ 前颞鳞单枚 / 产地广东

⑤ 产地广东

⑥ 幼体 / 产地广东

⑦ 产地广东

挂墩后棱蛇

Opisthotropis kuatunensis Pope, 1928

· Striped stream snake

小型半水栖无毒蛇。头小且扁平，与颈区分不明显。眼小无神。前额鳞单枚。鼻鳞完整，鼻间鳞较窄，鼻孔背侧位。颊鳞1枚，不入眶。眶前鳞1—3枚，眶后鳞1—4枚。上唇鳞12—16枚，大多左右不对称。体、尾背面深棕色或黄褐色，具数条深色纵纹，背脊纵纹较粗，体侧纵纹较细，年老个体纵纹不显。D1和D2与腹鳞均为土黄色。背鳞通身19行，具强棱。

中国特有种。分布于福建、广东、香港、广西、江西、浙江。

<hr />

1

沙坝后棱蛇

Opisthotropis jacobi Angel and Bourret, 1933

· Jacob's stream snake

小型半水栖无毒蛇。头小且扁平，与颈区分不明显。眼小无神。前额鳞单枚。鼻鳞完整，鼻间鳞较窄，鼻孔背侧位。颊鳞1枚，不入眶。眶前鳞1枚，眶后鳞1枚或无。通身背面深棕灰色。背鳞通身15行，平滑，仅尾部数行具弱棱。

国内分布于云南。国外分布于越南。

① 背鳞方形，平滑无棱 / 产地越南

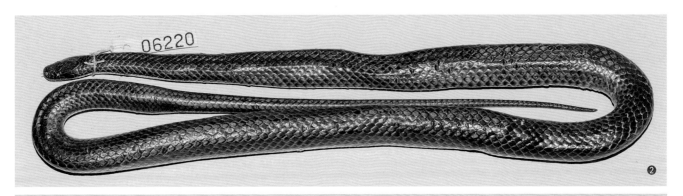

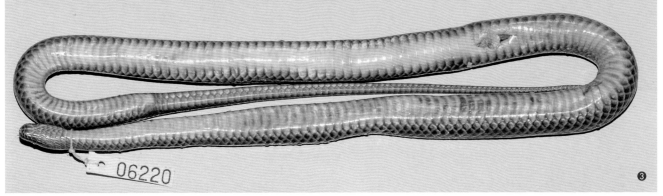

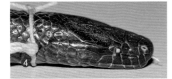  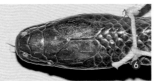 

② 产地越南

③ 产地越南

④ 颊鳞1枚，不入眶 / 产地越南

⑤ 产地越南

⑥ 前额鳞单枚 / 产地越南

⑦ 产地越南

广西后棱蛇

Opisthotropis guangxiensis Zhao, Jiang and Huang, 1978

· Guangxi stream snake

小型半水栖无毒蛇。头小且扁平，与颈区分不明显。眼小无神。前额鳞单枚。鼻鳞完整，鼻间鳞较窄，鼻孔背侧位。颊鳞1枚，不入眶。眶前鳞1枚或2枚，眶后鳞1—3枚。通身背面棕绿色或棕褐色，每枚背鳞中间色浅，边缘色深，在背脊处前后连缀成数条深浅相间的细纵纹；在体侧形成网纹。背脊处常具几十个橘黄色或橘红色点斑，左右相对或交错排列，或左右相连形成短横斑；有的个体无此点斑。腹面黄白色无斑，有的个体尾下具密集的褐色细点。背鳞平滑，17-15-15行。

中国特有种。分布于广西、广东、湖南。

① 背脊处常具橘红色点斑 / 产地广东　　② 背鳞方形，平滑无棱 / 产地广西

③ 体背无斑个体 / 产地广西

④ 颊鳞1枚，不入眶 / 产地广东

⑤ 前额鳞单枚 / 产地广东

⑥ 产地广东

莽山后棱蛇

Opisthotropis cheni Zhao, 1999

· Chen's stream snake

小型半水栖无毒蛇。头小且扁平，与颈区分不明显。眼小无神。前额鳞单枚。鼻鳞完整，鼻间鳞较窄，鼻孔背侧位。颊鳞1枚，入眶（相似种刘氏后棱蛇，颊鳞不入眶）。无眶前鳞（相似种刘氏后棱蛇，眶前鳞1枚），眶后鳞2枚。上唇鳞7—9枚，下唇鳞8—10枚。通身背面暗橄榄褐色，体侧具镶黑边的黄色横纹，左右横纹交错排列，或在背脊处相连。横纹变异较大，有的个体横纹在体后部和尾部不显，有的仅在颈后具几个不规则横纹或点斑，有的甚至完全没有横纹。腹面淡黄色，有的个体偶有灰色点斑。背鳞通身17行（相似种刘氏后棱蛇，背鳞25-23-23行），除最外行平滑外，其余具弱棱。

中国特有种。分布于湖南、广东、广西。

③ 体背斑纹变异个体 / 产地广东
④ 前颔鳞单枚 / 产地广西
⑤ 颊鳞1枚，入眶 / 产地广西
⑥ 产地广东
⑦ 仅颈背具不规则横纹 / 产地广东
⑧ 产地广东
⑨ 产地广东
⑩ 产地广东
⑪ 产地广东
⑫ 体、尾背面横斑规则个体 / 产地广东

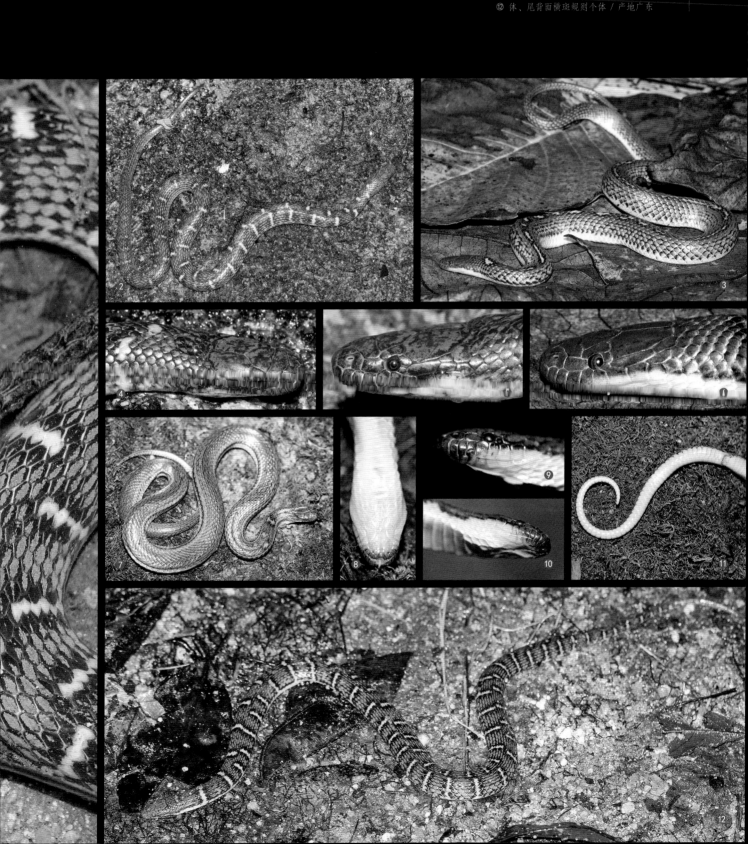

刘氏后棱蛇

Opisthotropis laui Yang, Sung and Chan, 2013

• Lau's mountain stream snake

小型半水栖无毒蛇。头小且扁平，与颈区分不明显。眼小无神。前额鳞单枚。鼻鳞完整，鼻间鳞较窄，鼻孔背侧位。颊鳞1枚，不入眶（相似种莽山后棱蛇，颊鳞入眶）。眶前鳞1枚（相似种莽山后棱蛇，无眶前鳞），有的个体眼睛还夹有1枚泪鳞，眶后鳞1—3枚。上唇鳞10枚，下唇鳞9—11枚。通身背面暗橄榄褐色，体侧具镶黑边的黄色横纹，左右横纹交错排列，或在背脊处相连。腹面浅黄色，尾下鳞边缘色黑。背鳞25-23-23行（相似种莽山后棱蛇，通身17行），具棱。

中国特有种。仅分布于广东。

① 体侧具棕黄色横纹，常左右交错排列，有的左右相连／产地广东

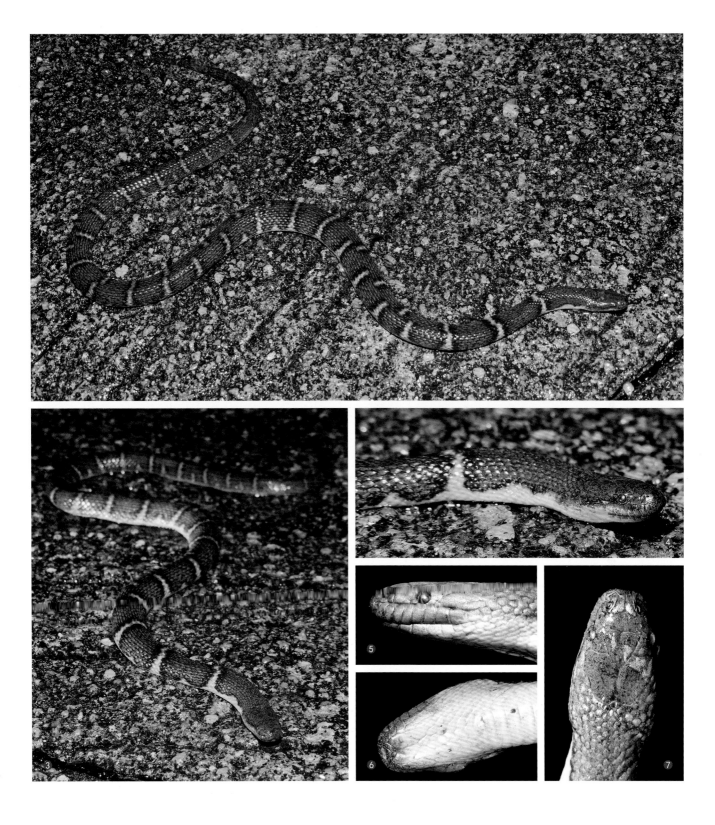

② 背鳞具棱 / 产地广东
③ 产地广东
④ 产地广东
⑤ 颊鳞1枚，不入眶 / 产地广东
⑥ 产地广东
⑦ 前额鳞单枚 / 产地广东

深圳后棱蛇

Opisthotropis shenzhenensis Wang, Guo, Liu, Lyu, Wang, Luo, Sun and Zhang, 2017

· Shenzhen mountain stream snake

　　小型半水栖无毒蛇。头小且扁平，与颈区分不明显。眼小无神。前额鳞单枚。鼻鳞完整，鼻间鳞较窄，鼻孔背侧位。颊鳞1枚，不入眶。眶前鳞1枚，眶后鳞2枚。体、尾背面橄榄绿色，每枚背鳞都有深色边缘，形成细密网纹。背鳞D2和D3鳞片上具黄色斑点，D1上黑下黄。腹面黄色，头、尾腹面杂有黑灰色斑纹。背鳞通身19行，中段最外行光滑，前段具弱棱，向后逐渐增强。

　　中国特有种。仅分布于广东。

① 颊鳞1枚，不入眶 / 产地广东

② 唇鳞与头背同色 / 产地广东

③ 头腹杂有黑灰色斑纹 / 产地广东

④ 通身背面橄榄绿色，体、尾背面具细密网纹 / 产地广东

赵氏后棱蛇

Opisthotropis zhaoermii Ren, Wang, Jiang, Guo and Li, 2017

Zhao's mountain stream snake ·

小型半水栖无毒蛇。头小且扁平，与颈区分不明显。眼小无神。前额鳞单枚。鼻鳞完整，鼻间鳞较窄，鼻孔背侧位。颊鳞1枚，入眶。无眶前鳞，眶后鳞2枚。上唇鳞9枚（偶有8枚），下唇鳞9枚或8枚。头背黑黄相杂，有的个体头背具不规则的黑黄相间的斑纹。体、尾背面具数条不甚规则的黑黄相间的细纵纹，自颈部通达尾末。体前段脊部3—4行黑纵纹时有断开、黄色融合，呈现若干极不规则的黄斑。腹面浅黄色，外缘零星散布深色点斑。背鳞通身17行，前段平滑，中后段逐渐增强，最外1行不起棱。

中国特有种。仅分布于湖南。

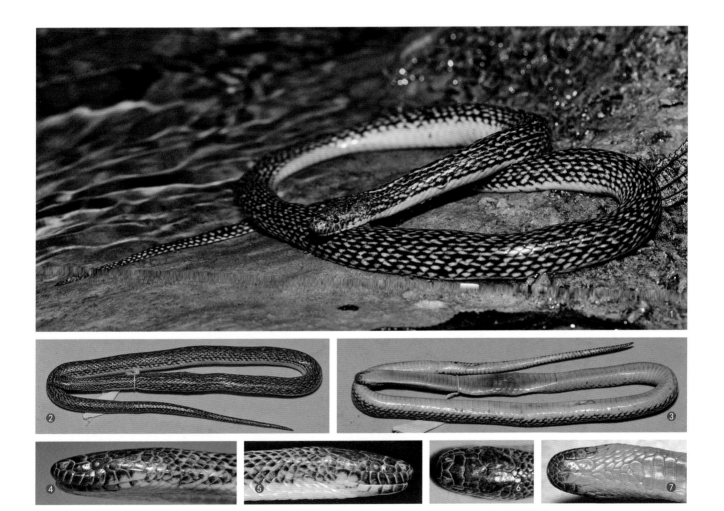

① 体、尾背面具数条不甚规则的黑黄相间的细纵纹 / 产地湖南
② 产地湖南
③ 产地湖南
④ 颊鳞1枚，入眶 / 产地湖南
⑤ 产地湖南
⑥ 前额鳞单枚 / 产地湖南
⑦ 产地湖南

海河后棱蛇

Opisthotropis haihaensis Ziegler, Pham, Nguyen, Nguyen, Wang, Wang, Stuart and Le, 2019

• Hai ha mountain stream snake

小型半水栖无毒蛇。头小且扁平，与颈区分不明显。眼小、黑色。前额鳞单枚。鼻鳞完整，鼻间鳞较窄，鼻孔背侧位。颊鳞1枚，不入眶。眶前鳞1枚，眶后鳞1枚或2枚。上唇鳞8枚（相似种张氏后棱蛇，上唇鳞7枚）。头背黑色，散布黄色碎点。唇鳞以黄色为主，边缘色黑；或以黑色为主，其间散布黄色斑块。体、尾背面黑色且具光泽，每枚背鳞中央皆具1个黄色斑点，背脊处黄色斑点较小，向体侧逐渐变大。腹面黄色。尾下鳞鳞缘散布黑点。背鳞通身15行，体背平滑，尾部平滑或弱棱。

国内分布于广西。国外分布于越南。

① 颊鳞1枚，不入眶 / 产地广西
② 上唇鳞8枚，第7枚最大 / 产地广西
③ 前额鳞单枚 / 产地广西
④ 每枚背鳞中央皆具1个黄色斑点 / 产地广西

张氏后棱蛇

Opisthotropis hungtai Wang, Lyu, Zeng, Lin, Yang, Nguyen, Le, Ziegler and Wang, 2020

Chang's mountain stream snake ·

小型半水栖无毒蛇。头小且扁平，与颈区分不明显。眼小，黑色。前额鳞单枚。鼻鳞完整，鼻间鳞较窄，鼻孔背侧位。颊鳞1枚，不入眶。眶前鳞1枚，眶后鳞1枚或2枚。上唇鳞7枚（相似种海河后棱蛇，上唇鳞8枚）。头背黑色，散布黄色碎点。唇鳞以黄色为主，边缘色黑；或以黑色为主，其间散布黄色斑块。体、尾背面黑色且具光泽，每枚背鳞中央皆具1个黄色斑点，背脊处黄色斑点较小，向体侧逐渐变大。腹面黄色。尾下鳞鳞缘散布黑点。背鳞通身15行，体背平滑，尾部平滑或弱棱。

中国特有种。分布于广东、广西。

① 每枚背鳞中央皆具1个黄色斑点 / 产地广东
② 产地广东
③ 产地广东
④ 上唇鳞7枚，第6枚最大 / 产地广东

紫灰锦蛇属 *Oreocryptophis* Utiger, Schätti and Helfenberger, 2005

紫灰锦蛇

Oreocryptophis porphyraceus (Cantor, 1839)

• 红竹蛇

• Red bamboo snake, Black-banded trinket snake

中小型无毒蛇。头、颈区分不明显。该种分布极广，体色和色斑变异较大，有若干亚种分化。通身背面红褐色或橘红色等。头背具3条黑色纵纹：1条位于头背正中，另外2条始自眼后向后延伸与体侧纵纹相接（部分个体体侧纵纹消失）。体、尾背面具若干深于体色的横斑（部分个体横斑明显呈黑色或褐色，或不显），边缘色黑。成幼二型，幼体通身背面黄色、黄棕色或橘红色，具若干浅色边缘的黑色横斑。腹面白色。

国内分布于西藏、云南、贵州、四川、重庆、湖南、湖北、河南、陕西、甘肃、安徽、江西、浙江、江苏、福建、广东、广西、香港、海南、台湾。国外分布于印度、不丹、尼泊尔、缅甸、泰国、越南、老挝、马来西亚、印度尼西亚。

① 体侧纵纹不显 / 产地云南　　② 产地广西

③ 幼体黄色 / 产地台湾

④ 产地浙江

⑤ 体背横斑不显 / 产地香港

⑥ 产地云南

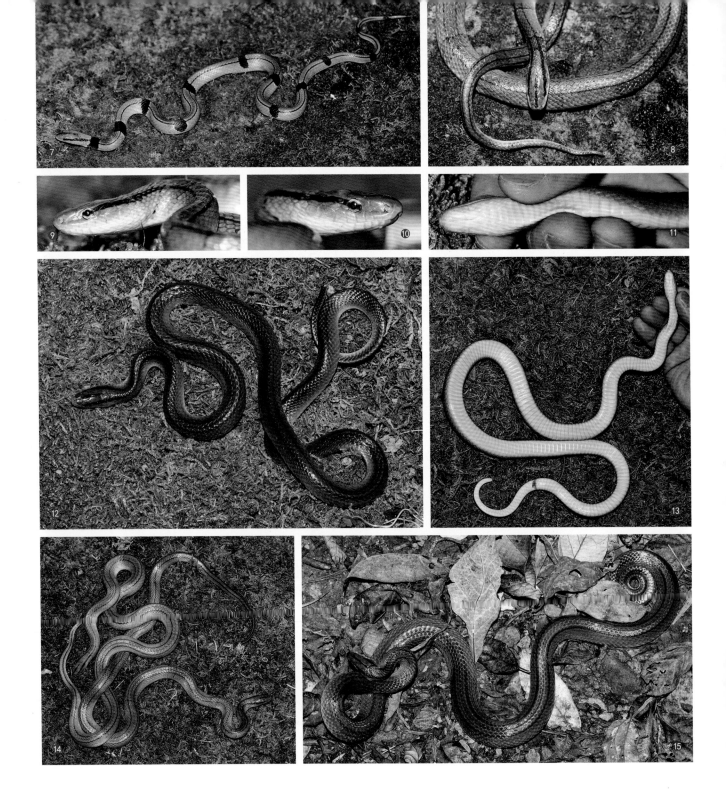

⑦ 亚成体 / 产地安徽

⑧ 头背具3条黑色纵纹 / 产地安徽

⑨ 产地安徽

⑩ 产地安徽

⑪ 产地安徽

⑫ 体背横斑不显 / 产地安徽

⑬ 产地安徽

⑭ 体背横斑较淡 / 产地安徽

⑮ 体背横斑不显 / 产地安徽

中小型无毒蛇。通身背面绛红色。吻背具3—4条不规则的黄白色横纹。自头背正中到尾尖，具1条镶黑边的黄白色纵脊纹，故名"黄脊游蛇"。在体背脊部，该脊纹约占2枚鳞宽。体、尾侧面由于鳞缘色深，前后连缀成数条深色纵纹或点线。上、下唇和头腹黄白色。体、尾腹面淡黄色，有的个体腹鳞外侧具略呈三角形的斑块，前后缀连成链纹。

国内分布于新疆、甘肃、宁夏、陕西、山西、内蒙古、黑龙江、吉林、辽宁、河北、北京、天津、山东、江苏、河南、安徽。国外分布于蒙古、俄罗斯、哈萨克斯坦、朝鲜、韩国。

东方游蛇属 *Orientocoluber* Kharin, 2011

黄脊游蛇

Orientocoluber spinalis (Peters, 1866)

白线子（辽宁），希日-苏达勒图-毛盖（内蒙古）·

Common racer ·

① 自头背正中到尾尖，具1条黄白色纵脊纹 / 产地内蒙古

② 产地内蒙古

③ 产地吉林

④ 产地内蒙古

⑤ 产地内蒙古

⑥ 体侧具数条纵纹 / 产地内蒙古

⑦ 产地内蒙古

⑧ 产地内蒙古

⑨ 尾腹淡黄色，无斑 / 产地内蒙古

⑩ 产地内蒙古

⑪ 吃鼠 / 产地不详

⑫ 产地不详

⑬ 腹面淡黄色，腹侧隐约具腹链 / 产地不详

颈斑蛇属 *Plagiopholis* Boulenger, 1893

颈斑蛇

Plagiopholis blakewayi Boulenger, 1893

· **Blakeway's neck-blotched snake**

小型穴居无毒蛇。主食蚯蚓。头较小，与颈区分不明显。体圆柱形，尾短。无颊鳞，上唇鳞5（2-1-2）枚。通身背面棕色或红棕色，颈背具1个粗大黑色箭斑，部分个体无此斑纹。部分背鳞鳞沟色白，大部分鳞沟色黑，交织成黑白网纹。腹面浅灰色或浅橘黄色，散布稀疏且极小的褐色点或较多黑色点，有的个体腹面无斑。

国内分布于云南、贵州、四川。国外分布于缅甸、泰国。

① 无颊鳞，上唇鳞5枚 / 产地云南　　② 产地云南

③ 颈背具1个粗大黑色箭斑，不甚明显 / 产地云南

④ 产地云南

⑤ 产地云南

⑥ 产地云南

⑦ 产地云南

⑧ 产地云南

缅甸颈斑蛇

Plagiopholis nuchalis (Boulenger, 1893)

· Burmese neck-blotched snake

小型穴居无毒蛇。主食蚯蚓。体圆柱形，尾短。颊鳞1枚，上唇鳞6（2-2-2）枚。通身背面黑褐色或红褐色，颈背具1个粗大黑色箭斑。部分背鳞鳞沟色白，大部分鳞沟色黑，交织成黑白网纹。腹面浅黄色，密布黑点，腹鳞常具略近方形的黑斑，有的个体腹面无斑。

国内分布于云南。国外分布于缅甸、泰国。

① 颈背具1个粗大黑色箭斑 / 产地云南　　② 体圆柱形，尾短 / 产地云南
③ 颊鳞1枚，上唇鳞6枚 / 产地云南

福建颈斑蛇

Plagiopholis styani (Boulenger, 1899)

• Fujian neck-blotched snake

小型穴居无毒蛇。主食蚯蚓。头较小，与颈区分不明显。体圆柱形，尾短。无颊鳞，上唇鳞6（2-2-2）枚。头背棕褐色，颈背具1个黑色箭斑。体、尾背面红褐色，部分背鳞鳞沟色白，大部分鳞沟色黑，交织成黑白网纹。腹面浅黄色或浅橘色，腹鳞两侧密布褐色小点，有的个体尾下鳞两侧杂有黑色斑。

中国特有种。分布于福建、台湾、广东、广西、贵州、四川、重庆、湖北、湖南、江西、安徽、浙江、陕西、甘肃。

① 无颊鳞，上唇鳞6枚 / 产地贵州　② 体圆柱形，尾短 / 产地贵州

③ 颈背具1个黑色箭斑 / 产地贵州

④ 产地贵州

⑤ 尾腹黄色无斑 / 产地贵州

红脊扁头蛇

Platyceps rhodorachis（Jan, 1863）

• **Common cliff racer**

中大型无毒蛇。头部宽且扁，与颈可区分。通身背面灰色。体前半段具几十个约等距排列的深色短横斑，宽度占1—2枚背鳞，横斑的颜色由背鳞中间的棕灰色和鳞缘的黑色组成。体前段短横斑色较深且较宽，向后逐渐变浅变窄，到体中后段横斑消失。背鳞平滑，几乎每枚背鳞近游离端都具1对端窝。腹面浅橘红色，两侧边缘散布深色斑点，腹鳞具侧棱。

国内分布于西藏。国外分布广泛，可见于欧洲、非洲、亚洲。

① 几乎每枚背鳞近游离端都具1对端窝 / 产地西藏

② 通身背面灰色 / 产地西藏

③ 产地西藏

④ 体前半段背面具深色短横斑 / 产地西藏

⑤ 产地西藏

⑥ 头部宽且扁 / 产地西藏

⑦ 产地西藏

⑧ 尾细长 / 产地西藏

斜鳞蛇属 *Pseudoxenodon* Boulenger, 1890

大眼斜鳞蛇

Pseudoxenodon macrops (Blyth, 1855)

- 气扁蛇、臭蛇、草上飞
- Big-eyed mock cobra

中小型无毒蛇。眼大，瞳孔圆形。脊鳞两侧的背鳞窄长，斜列，故名"斜鳞蛇"。受惊扰时前半段变扁平且竖起，似眼镜蛇。本种体色多变，我国有3个亚种：或头背黄褐色无斑（指名亚种）；或由于头背部分鳞沟黑色，组成略似"W"形色斑（中华亚种）；或头背具2条黑色横纹，其间形成1条浅色横斑（福建亚种）（以上都是指典型情况）。上、下唇鳞大多为黄白色，部分鳞沟色黑，头腹黄白色无斑。颈背具1个尖端向前的粗大黑色箭形斑。背面斑纹变异大，典型情况下为黑黄横斑交错分布，形成类似马赛克的图案。体、尾腹面黄白色，前端具不规则的黑色横斑。在高海拔地区有黑化个体，体、尾背面基本呈黑色，斑纹不显，腹面全黑。

国内分布于西藏、云南、贵州、四川、重庆、甘肃、陕西、河南、湖北、湖南、广东、广西、福建、江西。国外分布于印度、尼泊尔、缅甸、老挝、越南、泰国、马来西亚。

① 眼大 / 产地四川　　② 产地西藏

③ 前半段膨扁、竖起 / 产地云南

④ 产地四川

纹尾斜鳞蛇

Pseudoxenodon stejnegeri Barbour, 1908

- 史丹吉斜鳞蛇（台湾）
- Stejneger's mock cobra

中小型无毒蛇。眼大，瞳孔圆形。脊鳞两侧的背鳞窄长，斜列，故名"斜鳞蛇"。受惊扰时前半段变扁平且竖起，似眼镜蛇。头背无斑。颈部具1个尖端向前的粗大黑色箭形斑。体、尾背面色斑与大眼斜鳞蛇和崇安斜鳞蛇大体相似，但镶黑边的浅色横斑在体后段汇合成两侧镶黑边的浅色纵纹，贯穿到尾末。腹面白色或黄白色，前端具不规则的黑褐色横斑。

国内分布于台湾、福建、江西、浙江、安徽、河南、湖南、广西、贵州、重庆、四川、云南。

① 眼大／产地安徽　　② 体色偏深个体／产地浙江

③ 体背具短横斑，略镶黑边／产地浙江

④ 尾背具纵纹／产地浙江

⑤ 产地台湾　　⑦ 头背无斑 / 产地浙江

⑥ 产地浙江

⑧ 产地安徽

⑨ 前半段膨扁、竖起，似眼镜蛇 / 产地安徽

⑩ 产地安徽

⑪ 产地安徽

⑫ 卵白色，长椭圆形 / 产地安徽

⑬ 体色偏红个体 / 产地台湾

⑭ 产地台湾

⑮ 产地台湾

横纹斜鳞蛇

Pseudoxenodon bambusicola Vogt, 1922

· Banded mock cobra

中小型无毒蛇。眼大，瞳孔圆形。背鳞两侧的背鳞斜长，斜列，故名"斜鳞蛇"。受惊扰时前半段变扁且竖起，似眼镜蛇。头背前部的黑色横斑弯向头侧，经眼达口角。头背具1个尖端向前的黑色箭形斑，其后分叉成2条纵纹沿颈侧向后延伸约1个半头长，再弯至体背成1个环。头腹白色。体、尾背面灰褐色或橄榄绿色，颈后至尾尖具有十余个黑色横斑、横纹。体、尾腹面污白色，前端具不规则黑褐色横斑。

国内分布于广东、海南、广西、福建、贵州、湖南、湖北、江西、浙江。国外分布于越南北部、老挝。

崇安斜鳞蛇

Pseudoxenodon karlschmidti Pope, 1928

· Chongan mock cobra

中小型无毒蛇。眼大，瞳孔圆形。脊鳞两侧的背鳞窄长，斜列，故名"斜鳞蛇"。受惊扰时前半段变扁平且竖起，似眼镜蛇。头背灰褐色且带土红色，无斑。颈背具1个尖端向前的粗大黑色箭形斑，该斑两侧前缘镶1条极细的白边是其典型特征；但颈背的色斑有较大的变异，部分个体颈背为宽的白色箭形斑，类似眼镜王蛇某些个体的斑纹。体、尾背面灰褐色或橄榄绿色，正背具若干由4个黑色斑围成的浅色、略呈窄长椭圆形的横斑。腹面污白色。

国内分布于福建、江西、广东、广西、海南、湖南、贵州、四川。国外分布于越南。

滑鼠蛇

Ptyas mucosa (Linnaeus, 1758)

- 水律（安徽、广东、广西），草锦蛇（福建），草上飞（安徽）
- Oriental ratsnake

中大型无毒蛇。眼大，瞳孔圆形。颊部略凹陷。上、下唇鳞灰白色，后缘黑色或灰褐色，形成数条醒目的短竖纹。体、尾背面灰褐色，部分相邻背鳞边缘黑色，形成长短不一的不规则黑色折线纹，该纹在体中段以后背面及尾背更多，偶尔前后相连，似网纹。部分相邻背鳞边缘白色，形成不规则的白纵纹，隐约可见，在体前段较明显。腹面灰白色，腹鳞两侧游离端具黑色斑纹。背鳞平滑。

国内分布于西藏、云南、贵州、重庆、广西、广东、海南、香港、澳门、台湾、福建、江西、湖南、湖北、浙江、安徽。国外分布于印度、斯里兰卡、巴基斯坦、阿富汗、伊朗、土库曼斯坦、尼泊尔、不丹、孟加拉国、缅甸、老挝、越南、柬埔寨、泰国、马来西亚、印度尼西亚。

① 头侧具醒目的短竖纹 / 产地福建　② 体前段背面具隐约可见的不规则白纵纹 / 产地福建
③ 体后半段和尾背具不规则黑色折线纹 / 产地福建
④ 产地福建
⑤ 产地福建
⑥ 产地海南
⑦ 颌部白色无斑 / 产地海南

灰鼠蛇

Ptyas korros (Schlegel, 1837)

· 黄金条（安徽、江西），
过树榕、过树龙（广东、
广西），土蛇（福建），
索蛇（贵州）

· Indo-chinese ratsnake

中型无毒蛇。眼大，瞳孔圆形。颊部略凹陷。上唇鳞黄色或黄褐色，无短竖纹。下唇及头腹白色。通身背面棕褐色或橄榄灰色。背鳞鳞脊色深，形成背部数条深色细纵纹，体侧几条细纵纹不甚清晰。体中段以后，细纵纹颜色逐渐加深，再向后，背鳞鳞缘全部黑色，在体后段和尾背形成规则的细密黑色网纹，直达尾尖。体、尾腹面黄色。背鳞平滑。

国内分布于云南、贵州、广西、广东、海南、香港、澳门、台湾、福建、浙江、江西、安徽、湖南、湖北。国外分布于印度尼西亚、马来西亚、新加坡、泰国、柬埔寨、越南、老挝、缅甸、孟加拉国、不丹、印度。

① 眼大 / 产地浙江　　　② 细密黑色网纹，直达尾尖 / 产地云南
③ 产地浙江
④ 产地云南

⑤ 产地广东　　⑧ 攻击态 / 产地安徽

⑥ 产地安徽　　⑨ 上唇黄色，下唇白色 / 产地安徽

⑦ 产地安徽　　⑩ 头腹颜色偏白 / 产地安徽

　　　　　　　⑪ 背鳞前缘白色 / 产地安徽

　　　　　　　⑫ 体腹黄色，俗称黄金条 / 产地安徽

虎斑颈槽蛇

Rhabdophis tigrinus (Boie, 1826)

- 野鸡脖子（黑龙江、吉林、辽宁），野鸡项（四川、贵州），竹竿青（吉林、浙江），鸡冠蛇（安徽），雉鸡脖（浙江），红脖游蛇、台湾赤炼蛇（台湾）
- Tiger groove-neck

中小型毒蛇。性情温顺。口腔内的达氏腺和颈背的颈腺的分泌物有毒，毒性不强。头椭圆形，与颈区分明显。颈背正中2行背鳞间具1个纵行浅凹槽。体侧斑纹两色间隔，似虎斑，故名"虎斑颈槽蛇"。受惊扰时体前段膨扁且竖起。眼较大，瞳孔圆形。颊鳞1枚。眶前鳞2枚或1枚，眶后鳞3枚或4枚。上唇鳞7枚或8枚，下唇鳞8—10枚。头背橄榄绿色或浅蓝色或蓝色，上唇鳞污白色，鳞沟色黑，眼正下方及斜后方各具1条粗黑纹，非常醒目。头腹白色。通身背面橄榄绿色或草绿色或浅蓝色或蓝色（底色变异较大），体前段两侧具常呈方形的粗大的黑色与橘红色斑块，相间排列，后段犹可见黑色斑块，橘红色则渐趋消失。体、尾腹面前段灰白色，散布灰黑色点；后段渐呈黑色。背鳞19-19-17(15)行，全部具棱或仅最外行平滑。该种分布广，有若干亚种分化。

国内分布于黑龙江、吉林、辽宁、内蒙古、河北、北京、天津、山东、江苏、上海、安徽、河南、山西、陕西、宁夏、甘肃、青海、西藏、云南、贵州、四川、重庆、广西、湖北、湖南、江西、浙江、福建、台湾。国外分布于日本、俄罗斯、朝鲜、韩国。

❶

① 颈背正中2行背鳞间具1个纵行浅凹槽 / 产地山东　　② 体侧斑纹两色间隔，似虎斑 / 产地山东
③ 捕食泥鳅 / 产地安徽
④ 产地安徽
⑤ 产地安徽
⑥ 产地安徽
⑦ 产地安徽
⑧ 产地安徽
⑨ 头腹白色无斑，向后黑斑逐渐增多 / 产地安徽
⑩ 尾腹密布黑斑，但未连成片 / 产地安徽

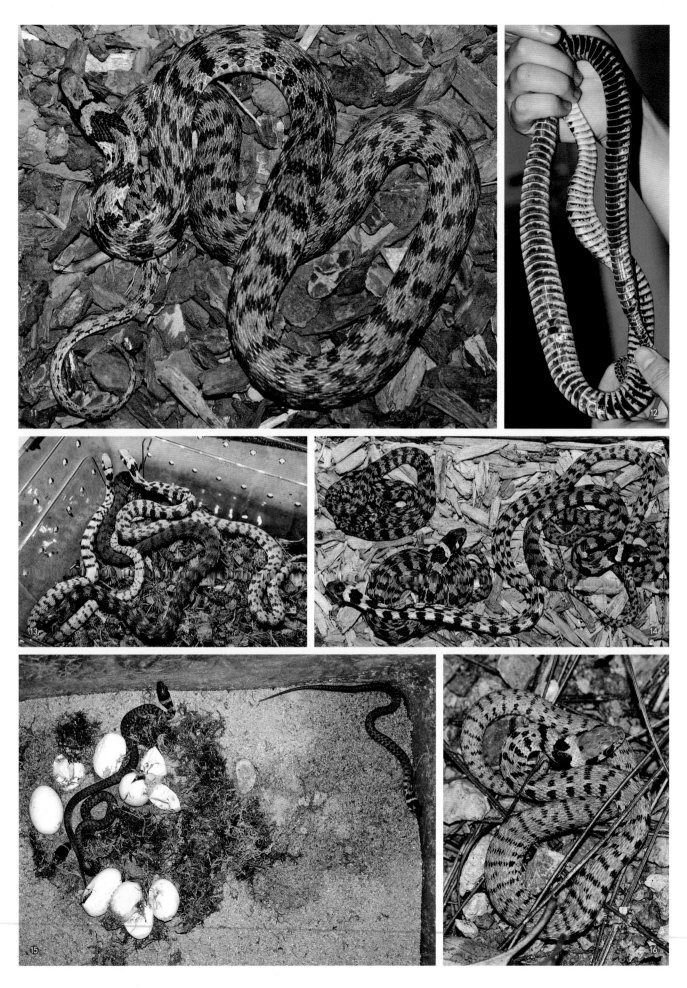

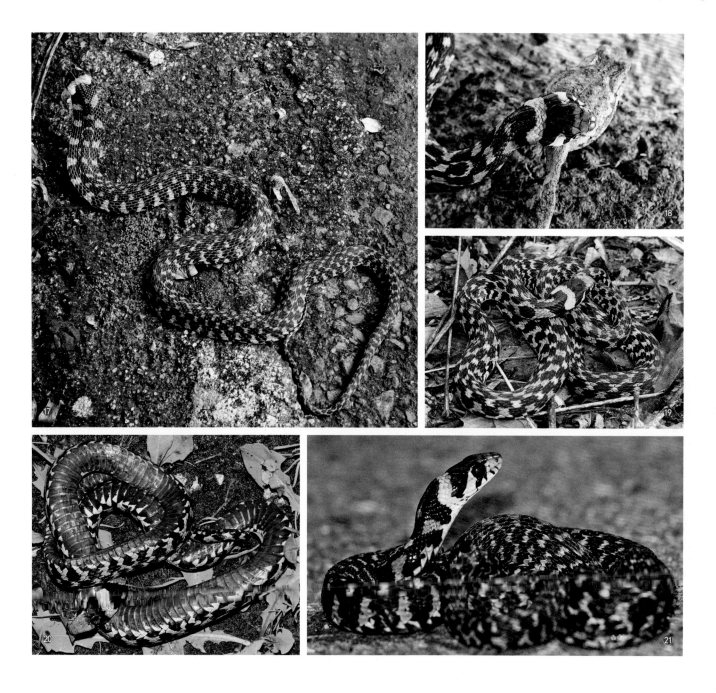

⑪ 产地吉林

⑫ 产地吉林

⑬ 体色各异 / 产地吉林

⑭ 幼体 / 产地吉林

⑮ 刚出壳的子蛇 / 产地安徽

⑯ 体色偏绿个体 / 产地浙江

⑰ 体色偏深个体 / 产地台湾

⑱ 产地台湾

⑲ 产地台湾

⑳ 产地台湾

㉑ 产地台湾

红脖颈槽蛇

Rhabdophis subminiatus (Schlegel, 1837)

· 扁脖子（云南），野鸡项（贵州）
· Red groove-neck

中小型毒蛇。性情温顺。口腔内的达氏腺和颈背的颈腺的分泌物有毒，毒性不强。头椭圆形，与颈区分明显。颈背正中2行背鳞间具1个纵行浅凹槽，颈部及体前段猩红色，故名"红脖颈槽蛇"。眼较大，瞳孔圆形。颊鳞1枚。眶前鳞1枚，眶后鳞3枚或4枚，个别为2枚。上唇鳞8枚，少数一侧为9枚，下唇鳞10枚，个别为9枚。通身背面橄榄绿色，受到惊扰时，体前段膨扁，颈部及体前段猩红色更加醒目。腹面黄白色。背鳞19-19-17行，全部具棱或仅最外行平滑。

国内分布于海南、广西、广东、香港、福建、江西、云南、贵州、四川。国外分布于东南亚各国，包括印度尼西亚的爪哇及加里曼丹。

① 幼体上唇具黑色竖斑 / 产地香港　　② 受到惊扰时,体前段膨扁、竖起 / 产地广东
③ 颈背及体前段背面猩红色 / 产地广东
④ 成体上唇和颈背无黑斑 / 产地广东
⑤ 颈背正中2行背鳞间具1个纵行浅凹槽 / 产地香港

⑥ 幼体颈背具黑色横斑 / 产地广东

⑦ 幼体 / 产地香港

⑧ 幼体 / 产地广东

黑纹颈槽蛇

Rhabdophis nigrocinctus (Blyth, 1856)

· Black-banded groove-neck

中小型毒蛇。性情温顺。头椭圆形，与颈区分明显，颈背正中2行背鳞间具1个纵行浅凹槽。眼较大，瞳孔圆形。颊鳞1枚。眶前鳞1枚，眶后鳞3枚或4枚。上唇鳞9枚，个别8枚，下唇鳞10枚，个别一侧9枚或11枚。头背橄榄棕色，眼下、眼后各具1条粗黑纹。体、尾背面草绿色或橄榄灰色，两侧具几十个占1/2—1枚鳞宽、约等距排列的黑色横纹，在脊部相接或交错排列。体、尾腹面黄白色，后段密布棕色细点。背鳞19-19-17行，全部具棱或仅最外行平滑。幼蛇顶鳞后具1个粉色或白色横斑，约4—5枚背鳞宽，其前后缘均镶以黑边。

国内分布于云南、四川。国外分布于缅甸、老挝、柬埔寨、泰国、越南。

① 幼蛇顶鳞后具粉色横斑 / 产地不详　　② 颈背正中2行背鳞间具1个纵行浅凹槽 / 产地云南

③ 幼体 / 产地云南

④ 体背具黑色横纹 / 产地不详

⑤ 幼体 / 产地不详

⑥ 幼体 / 产地不详

喜山颈槽蛇

Rhabdophis himalayanus (Günther, 1864)

• Orange-collared groove-neck

中小型毒蛇。性情温顺。头椭圆形，与颈区分明显，颈背正中2行背鳞间具1个纵行浅凹槽。眼较大，瞳孔圆形。颊鳞1枚。眶前鳞1枚，偶有2枚或3枚；眶后鳞3枚，偶有2枚或4枚。上唇鳞8枚，个别一侧7枚；下唇鳞10枚，偶有9枚或11枚。通身背面橄榄绿色或灰褐色，头背无斑，枕部具1对较宽的橘红色斑，幼体和亚成体为黄色。体、尾背面具80余条细横纹，约等距排列，每条细横纹由5段短纹相接而成，颜色为黑–橙–黑–橙–黑。尾部横纹不明显，后段无斑。腹面灰白色，前段散布灰黑色点，后段尤为密集，呈灰黑色。背鳞19-19-17行，除最外行具弱棱，其余均具强棱。

国内分布于西藏、云南。国外分布于印度、尼泊尔、不丹、孟加拉国、缅甸。

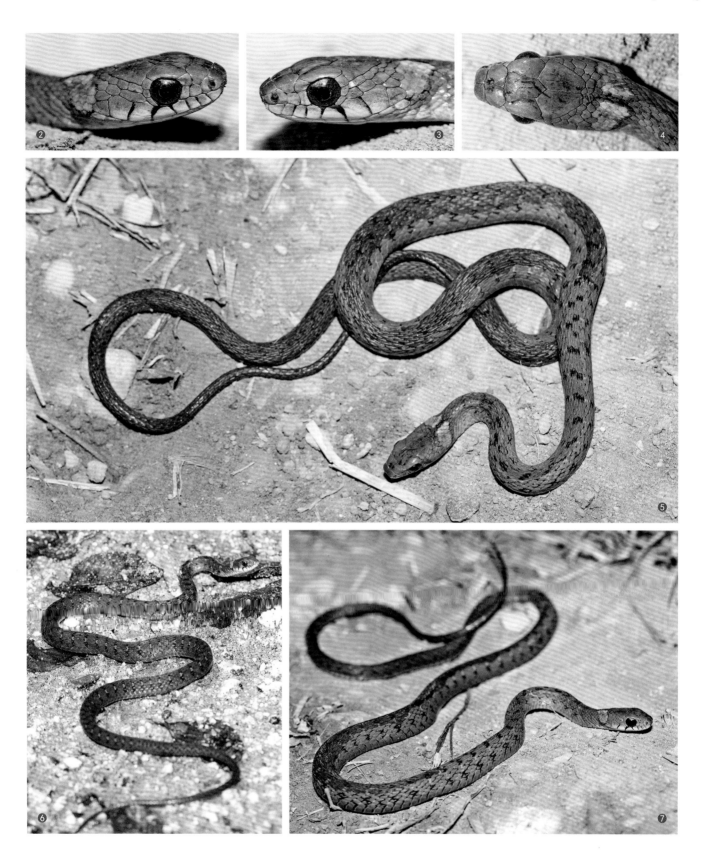

① 眼较大，瞳孔圆形 / 产地西藏

② 眶前鳞2枚 / 产地西藏

③ 产地西藏

④ 枕部具1对较宽的橘红色斑 / 产地西藏

⑤ 颈背正中2行背鳞间具1个纵行浅凹槽 / 产地西藏

⑥ 产地西藏

⑦ 产地西藏

台湾颈槽蛇

Rhabdophis swinhonis (Günther, 1868)

· 斯文豪氏游蛇、台湾游蛇（台湾）
· Taiwan groove-neck

中小型毒蛇。性情温顺。头椭圆形，与颈区分明显，颈背正中2行背鳞间具1个纵行浅凹槽。受惊扰时体前段膨扁且竖起。眼较大，瞳孔圆形。颊鳞1枚。眶前鳞1枚，眶后鳞3枚，个别为2枚。上唇鳞6枚，下唇鳞7枚或8枚。头背暗黄褐色或橄榄绿色，无斑。上唇鳞具黑纹3条：眼前1条最细，眼下1条较粗，口角1条最粗大。颈部具2条黑色横斑，前1条较粗大，略呈"V"字形，占3—5枚鳞长的宽度。此横斑前后常显浅棕色或橘红色。体、尾背面棕褐色，背鳞鳞缘具不规则分布的黑色和白色短纵纹，身体弯曲处显现黑白杂陈。腹面灰白色、淡黄色或浅红棕色，体前1/3散布少数黑褐色细点，后2/3黑褐色点较密集。背鳞15(17)-15-15行，最外2行平滑或弱棱，其余具棱。

中国特有种。仅分布于台湾。

① 颈背正中2行背鳞间具1个纵行浅凹槽 / 产地台湾

② 体、尾背面棕褐色 / 产地台湾

③ 产地台湾

④ 产地台湾

颈槽蛇

Rhabdophis nuchalis (Boulenger, 1891)

· Hubei groove-neck

中小型毒蛇。性情温顺。头椭圆形，与颈区分明显，颈背正中2行背鳞间具1个纵行浅凹槽。眼较大，瞳孔圆形。颊鳞1枚。眶前鳞1枚，个别2枚，眶后鳞3枚，个别2枚或一侧2枚。上唇鳞6枚，下唇鳞8枚或7枚，个别一侧为6枚。通身背面橄榄绿色，杂以绛红色黑斑，鳞间皮肤白色。头腹灰褐色。体、尾腹面灰黑色。头部上唇鳞色略浅，部分鳞缘色黑。背鳞通身15行，除两侧最外1行或2行背鳞平滑外，其余均具棱。

国内分布于湖北、湖南、广东、香港、广西、云南、贵州、四川、甘肃、陕西、山西、河南。国外分布于越南、印度、缅甸。

① 上唇鳞6枚 / 产地四川

② 产地四川

③ 产地四川

④ 颈背正中2行背鳞间具1个纵行浅凹槽 / 产地四川

⑤ 产地四川

⑥ 产地四川

⑦ 产地四川

⑧ 产地四川

⑨ 产地四川

⑩ 吃蚯蚓 / 产地四川

⑪ 幼体 / 产地不详

缅甸颈槽蛇

Rhabdophis leonardi (Wall, 1923)

· Leonard's groove-neck

中小型毒蛇。性情温顺。头椭圆形，与颈区分明显，颈背正中2行背鳞间具1个纵行浅凹槽，故名"颈槽蛇"。眼较大，瞳孔圆形。颊鳞1枚。眶前鳞1枚，眶后鳞3枚或2枚。上唇鳞6枚，下唇鳞8枚，少数为7枚。通身背面橄榄绿色或橄榄棕色或棕灰色，有些个体杂以绛红色及黑色斑，鳞间皮肤黑色杂以白点。背鳞通身15行，或15-15-13行，或17-17-15行，除最外行平滑外，其余均具棱。腹面砖红色，但头腹色较浅。幼体颈部具1对较窄的黄色斑。

国内分布于西藏、云南。国外分布于缅甸、老挝。

① 通身背面橄榄绿色 / 产地云南　　　② 产地云南

③ 颈背正中2行背鳞间具1个纵行浅凹槽 / 产地云南

④ 通身背面橄榄棕色 / 产地云南

九龙颈槽蛇

Rhabdophis pentasupralabialis Jiang and Zhao, 1983

• Sichuan groove-neck

中小型毒蛇。性情温顺。头椭圆形，与颈区分明显，颈背正中2行背鳞间具1个纵行浅凹槽。眼较大，瞳孔圆形。颊鳞1枚。眶前鳞1枚，极个别2枚；眶后鳞3枚，少数2枚或1枚。上唇鳞5枚，2-2-1式，少数4枚，偶有一侧为3枚（相近种颈槽蛇为上唇鳞6枚，2-2-2式）；下唇鳞以6枚为主，变化较大。通身背面橄榄绿色或草绿色，杂有绛红色黑斑，鳞间皮肤白色。腹面灰白色或灰绿色，散布灰黑色细点。背鳞通身15行，除两侧最外2—3行背鳞外，其余具弱棱。

中国特有种。分布于四川、云南。

① 通身背面橄榄绿色，鳞间皮肤白色 / 产地四川　　② 产地四川
　　　　　　　　　　　　　　　　　　　　　　　　　③ 产地四川
　　　　　　　　　　　　　　　　　　　　　　　　　④ 产地四川
　　　　　　　　　　　　　　　　　　　　　　　　　⑤ 产地四川
　　　　　　　　　　　　　　　　　　　　　　　　　⑥ 产地四川
　　　　　　　　　　　　　　　　　　　　　　　　　⑦ 产地四川
　　　　　　　　　　　　　　　　　　　　　　　　　⑧ 产地四川
　　　　　　　　　　　　　　　　　　　　　　　　　⑨ 颈背正中2行背鳞间具1个纵行浅凹槽 / 产地四川

广东颈槽蛇

Rhabdophis guangdongensis Zhu, Wang, Takeuchi and Zhao, 2014

• **Guangdong groove-neck**

中小型毒蛇。性情温顺。头椭圆形，与颈区分明显，颈背正中2行背鳞间具1个纵行浅凹槽。眼较大，瞳孔圆形。颊鳞1枚。眶前鳞1枚，眶后鳞2枚。上唇鳞6枚，下唇鳞7枚。头背灰褐色，唇鳞浅灰色，具2条醒目的粗大黑色斑纹：1条在眼下方，1条在第5和第6上唇鳞上。颈部具约5枚鳞片长的黑色横斑，接着具1个橙色"V"字形斑，宽约4行鳞片。头腹具黑斑，往后逐渐变成全黑。体背灰褐色，具黑褐色横纹44+15个，横纹上具排列规则的白点。体侧各具1条棕红色纵纹。体、尾腹面乳白色，体前部腹鳞中间散布黑点、黑斑，向后逐渐弥合为黑斑，并逐渐加宽，几乎占据整个腹鳞。背鳞片15行，除最外行平滑外，其余具弱棱。

中国特有种。仅分布于广东。

① 上唇黑色粗大竖斑覆盖眼球大半 / 产地广东　　② 颈背正中2行背鳞间具1个纵行浅凹槽 / 产地广东
③ 颈部具黑色横斑和橙色 "V" 形斑 / 产地广东
④ 产地广东
⑤ 体侧具1条棕红色纵纹，与黑横斑相交处具白色点斑 / 产地广东

螭吻颈槽蛇

Rhabdophis chiwen Chen, Ding, Chen and Piao, 2019

• Chiwen groove-neck

中小型毒蛇。性情温顺。头椭圆形，与颈区分明显，颈背正中2行背鳞间具1个纵行浅凹槽，主食蚯蚓和萤火虫，故名"螭吻颈槽蛇"。眼较大，瞳孔圆形。颊鳞1枚。眶前鳞1枚，眶后鳞2枚或3枚。上唇鳞5枚，2-2-1式，第5枚最大；下唇鳞7枚或8枚（相似种九龙颈槽蛇，下唇鳞以6枚为主）。通身背面马鞍棕色，背鳞最外2行显现红棕色。背鳞边缘色黑，在体背显现一些分散的黑点或短纵纹。腹鳞红棕色，体前部腹鳞中间散布黑点、黑斑，向后逐渐弥合为黑斑，并逐渐加宽，占据腹鳞大部。腹面边缘的红棕色与背鳞最外2行同色。背鳞通身15行，除最外1—2行平滑外，其余具弱棱。幼体与成体背面颜色相似，但颈背具1对黄色横纹。

中国特有种。仅分布于四川。

① 背鳞最外2行显现红棕色 / 产地四川

② 通身背面马鞍棕色 / 产地四川

③ 颈背正中2行背鳞间具1个纵行浅凹槽 / 产地四川

小型无毒蛇。体细长，尾具缠绕性。头背灰褐色，两眼间及顶鳞后端各具1条黑斑纹，枕背具1条最宽的黑横斑，上唇上下各具1条黑纵纹，其间色白，但上唇鳞沟为黑色。上唇鳞10（3-3-4）枚，前颞鳞1枚。体、尾背面棕褐色，背脊具1条黑色细纵纹，有的个体不明显。体侧各具1条不甚明显的浅色细纵纹。腹面黄白色，腹鳞两侧各具1个黑色点斑，前后缀连成黑色"虚线"纹（腹链纹），点斑外侧具棕褐色细点。尾腹的色斑与体腹相似，区别是组成尾下纵链纹的黑点几乎相连形成"实线"。

国内分布于西藏、云南、广西、广东、海南。国外分布于印度、尼泊尔、不丹、缅甸、泰国、老挝、越南、柬埔寨、马来西亚。

剑蛇属 *Sibynophis* Fitzinger, 1843

黑领剑蛇

Sibynophis collaris (Gray, 1853)

Collared many-toothed snake, Collared black-headed snake ·

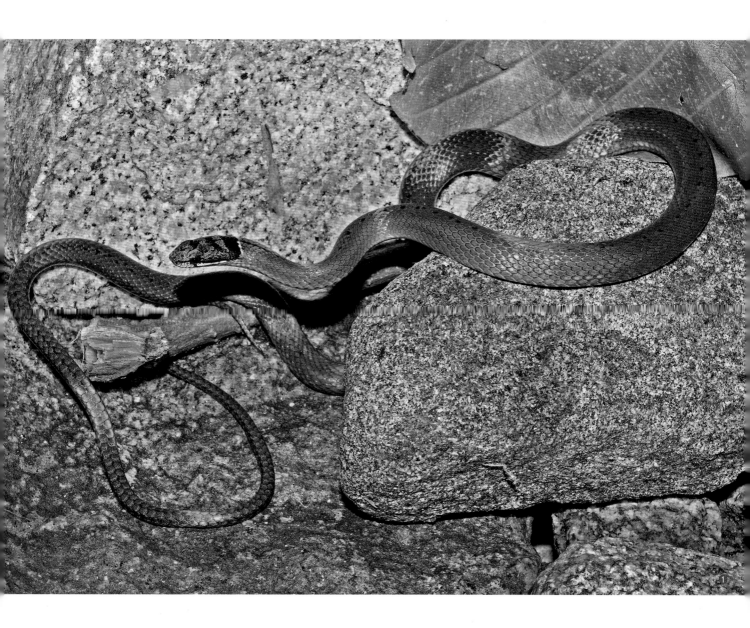

① 上唇鳞10（3-3-4）枚，前颞鳞1枚 / 产地西藏

黑头剑蛇

Sibynophis chinensis (Günther, 1889)

· 黑头蛇（台湾）
· Chinese many-toothed snake, Black-headed snake

小型无毒蛇。体细长，尾具缠绕性。头背黑褐色、灰褐色或红棕色，两眼间及顶鳞后端各具1条黑斑纹，枕背具1条黑横斑，上唇上下各具1条黑纵纹，其间色白，但上唇鳞沟为黑色。上唇鳞9枚（3-3-3式），前颞鳞2枚。体、尾背面棕褐色，背脊具1条黑色细纵纹，有的个体不明显。腹面黄白色，腹鳞两侧各具1个黑色点斑，前后缀连成黑色"虚线"（腹链纹）。点斑外侧具棕褐色细点。尾腹的色斑与体腹相似，区别是组成尾下纵链纹的黑点几乎相连形成"实线"。

国内分布于湖北、湖南、江西、安徽、江苏、上海、浙江、福建、台湾、广东、香港、海南、广西、云南、贵州、四川、重庆、甘肃、陕西、河南、山西、河北、天津、北京。国外分布于老挝、越南。

① 吃蜥蜴 / 产地台湾　　② 断尾个体。眼已泛白，快要蜕皮了 / 产地香港
③ 尾细长 / 产地安徽
④ 体、尾背面棕褐色，背脊具1条黑色细纵纹，体侧具细纵纹 / 产地云南

⑤ 头背红色个体 / 产地安徽

⑥ 产地浙江

⑦ 腹部两侧具由黑点缀连而成的腹链纹 / 产地安徽

⑧ 上唇鳞9（3-3-3式）枚 / 产地安徽

⑨ 前颞鳞2枚，下枚插入上唇鳞间 / 产地安徽

⑩ 产地安徽

⑪ 产地安徽

溪蛇属 *Smithophis* Giri, Gower, Das, Lalremsanga, Lalronunga, Captain and Deepak, 2019

线纹溪蛇

Smithophis linearis Vogel, Chen, Deepak, Gower, Shi, Ding and Hou, 2020

• Jingpo mountain stream snake, Lined smithophis

中小型半水栖无毒蛇。生活于山区溪流中。鼻间鳞和前额鳞皆单枚，较窄长，横跨头背前部。头小且扁平，与颈区分不明显。眼小无神。颊鳞1枚。眶周鳞6枚或7枚。上唇鳞6枚或5枚，下唇鳞7枚或6枚。通身背面深灰色或棕色，每枚背鳞的上下边缘深棕色，在体、尾背面形成10余条细纵纹，体侧纵纹不甚明显。腹面土黄色，腹鳞两侧边缘色深，前后连缀形成锯齿状纹。尾下鳞具棕色斑点，在中央更多，在尾腹中线处前后连缀形成不规则纵纹。背鳞光滑，17-17-16（17）行。

国内分布于云南。国外分布于缅甸。

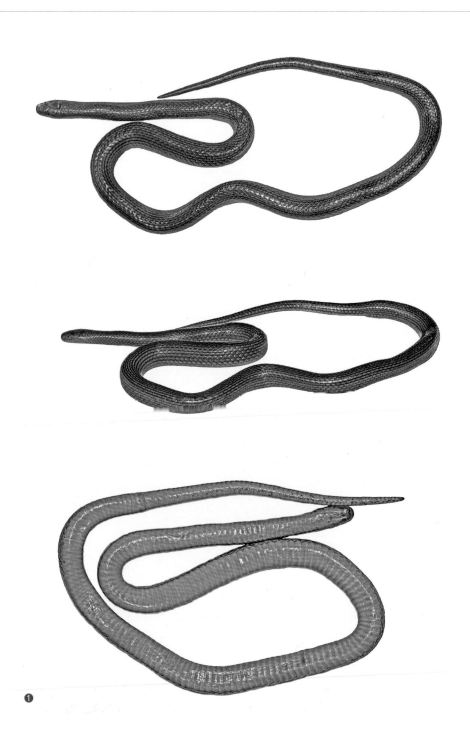

❶

❶ 体、尾背面具10余条细纵纹。腹部土黄色 / 产地云南

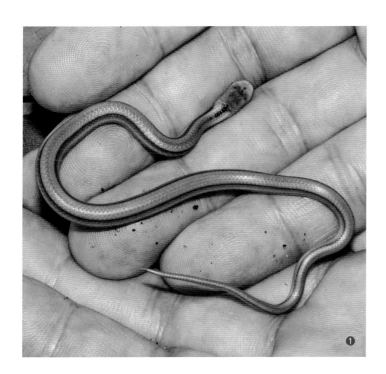

线形蛇属 *Stichophanes* Wang, Messenger, Zhao and Zhu, 2014

宁陕线形蛇

Stichophanes ningshaanensis (Yuan, 1983)

Ningshaan kukri snake, Ningshan line-shaped snake ·

小型无毒蛇。头较小，与颈区分不明显。通身背面棕黄色，体背具5条黑色细纵纹。正中1条始自顶鳞后缘，数枚脊鳞后颜色变淡，隐约可见延伸至体后段；脊侧各1条清晰可见，始自颈侧达尾末；体侧各1条，位于D1和D2行背鳞间，较细，始自颈侧达尾末。腹面灰黄色，有的个体腹鳞两侧各具1条黑色纵线。尾下鳞灰色。

中国特有种。分布于陕西、湖北、重庆。

① 幼体 / 产地陕西
② 通身背面棕黄色，体背具5条黑色细纵纹 / 产地陕西

温泉蛇属 *Thermophis* Malnate, 1953

西藏温泉蛇

Thermophis baileyi (Wall, 1907)

· Xizang hot-spring snake

中小型无毒蛇。头、颈可区分。眶后鳞3枚。上、下唇及头腹色浅，唇鳞后缘色深。通身背面青灰色或浅棕色。体背隐约可见深色斑点连缀而成的数条纵链，直达尾部，背正中1条纵链最明显。背鳞最外侧3行鳞片的中央色深，形成3条细纵纹。背鳞最外行平滑，其余均具棱。体、尾腹面黄绿色，腹鳞两侧具黑色斑。生活于羌塘高原南缘和雅鲁藏布河谷中段，对温泉的依赖性强。

中国特有种。仅分布于西藏。

① 通身背面青灰色，与斑、纹色差较小 / 产地西藏　　② 产地西藏
③ 中午出窝活动 / 产地西藏

④ 产地西藏　　　　　　　　⑫ 通身背面浅棕色，与斑、纹色差较小 / 产地西藏
⑤ 产地西藏　　　　　　　　⑬ 傍晚回窝 / 产地西藏
⑥ 产地西藏
⑦ 产地西藏
⑧ 眶后鳞3枚 / 产地西藏
⑨ 产地西藏
⑩ 产地西藏
⑪ 产地西藏

四川温泉蛇

Thermophis zhaoermii Guo, Liu, Feng and He, 2008

• Sichuan hot-spring snake

中小型无毒蛇。头、颈可区分。眶后鳞2枚。上、下唇及头腹色浅。通身背面橄榄绿色或浅棕色或褐色，体色变异较大。体背具5条纵行色带，脊部1行颜色最深，有的个体脊侧2行色淡而几乎不可见。纵行色带上常缀以多数深色斑，圆形或不规则形。有的个体脊部和脊侧斑左右相融，形成深色横斑。背鳞最外侧3行鳞片的中央颜色暗褐，形成3条细纵纹。体、尾腹面青灰色或黄绿色，两侧常具黑色点斑。

中国特有种。仅分布于四川。

① 产地四川　② 体背黑斑较粗大、醒目 / 产地四川

③ 产地四川

④ 产地四川

⑤ 产地四川

⑥ 产地四川

⑦ 眶后鳞2枚 / 产地四川

⑧ 产地四川

591

⑨ 体色偏黄个体，体背细纵纹不显／产地四川

香格里拉温泉蛇

Thermophis shangrila Peng, Lu, Huang, Guo and Zhang, 2014

• Shangri-la hot-spring snake

中小型无毒蛇。头、颈可区分，眶后鳞2枚。上、下唇及头腹淡黄色或橄榄绿色。通身夹杂深褐色、浅褐色、淡黄色、橄榄绿色，色彩斑驳。体背具数条深浅相间的纵纹，通达尾末。体、尾腹面橄榄绿色，两侧常具黑色点斑。

中国特有种。仅分布于云南。

① 伸出分叉的舌 / 产地云南　　② 产地云南

③ 体背、体侧具数条深浅相间的纵纹 / 产地云南

④ 眶后鳞2枚 / 产地云南

⑤ 产地云南

⑥ 躯体色彩斑驳，色差较大 / 产地云南

⑦ 雌体和刚产出的卵 / 产地云南

⑧ 白色长圆形卵粘连在一起 / 产地云南

⑨ 蛇头伸出卵壳 / 产地云南

⑩ 初生子蛇，尚未蜕皮 / 产地云南

⑪ 蜕皮后的初生子蛇 / 产地云南

⑫ 初生子蛇和蛇蜕 / 产地云南

⑬ 产地云南

坭蛇属 *Trachischium* Günther, 1858

山坭蛇

Trachischium monticola (Cantor, 1839)

- Mountain oriental worm snake

小型无毒蛇。体圆柱形，尾短。头、颈区分不明显。眶前鳞1枚，眶后鳞2枚。颈侧具黄色斑。通身背面浅褐色或深褐色，具金属光泽，具多数黑色纵纹。体侧具2条镶黑边的浅橘色纵纹，约占2枚背鳞宽。腹面浅橙色，尾腹色稍深。背鳞通身15行（小头坭蛇、耿氏坭蛇背鳞通身13行）。

国内分布于西藏。国外分布于印度、孟加拉国。

① 体圆柱形，尾短 / 产地西藏　② 体侧具2条镶黑边的浅橘色纵纹 / 产地西藏
③ 腹面浅橙色，尾腹色稍深 / 产地西藏
④ 颈侧具黄色斑 / 产地西藏

小头坭蛇

Trachischium tenuiceps (Blyth, 1855)

· Orange-bellied oriental worm snake

小型无毒蛇。体圆柱形，尾短。头、颈区分不明显。无眶前鳞（或单侧具1枚），眶后鳞2枚。颈侧无斑。通身背面棕褐色或暗褐色，具金属光泽，无明显纵纹。腹面浅橘黄色。背鳞通身13行（山坭蛇、艾氏坭蛇背鳞通身15行）。

国内分布于西藏。国外分布于印度、尼泊尔、孟加拉国、不丹。

① 通身背面棕褐色，无明显纵纹 / 产地西藏　　② 颈侧无斑 / 产地西藏

③ 产地西藏

耿氏坭蛇

Trachischium guentheri Boulenger, 1890

· Guenther's worm-eating snake

小型无毒蛇。体圆柱形，尾短。头、颈区分不明显。眶前鳞1枚，眶后鳞1枚。颈侧无斑。通身背面棕灰色，具金属光泽，从颈部到体前段1/4具多条黑色纵纹，在靠近体中段减少到4条，在尾部最终减少到2条。腹面奶白色，头腹和尾腹具细小灰色斑。背鳞通身13行（山坭蛇、艾氏坭蛇背鳞通身15行）。

国内分布于西藏。国外分布于印度、孟加拉国、不丹、尼泊尔。

① 通身背面棕灰色，体圆柱形，体前段具多条黑色纵纹 / 产地西藏

华游蛇属 *Trimerodytes* Cope, 1895

赤链华游蛇

Trimerodytes annularis (Hallowell, 1856)

• 水赤链（安徽），水游蛇（福建），
赤腹游蛇、红猪母、半纹蛇（台湾），
水火赤链（浙江）
• **Red-bellied water snake**

中小型水栖无毒蛇。头、颈可区分。鼻孔背侧位。前额鳞成对。头背暗褐色，上唇鳞黄白色，头背及上唇鳞各鳞沟黑色，下唇鳞的部分鳞沟黑色。头腹白色。体背灰褐色，体侧色略浅，体、尾背面具30—40+12—20个边界不清晰的黑色环纹，亦环围腹面，在腹中央偶有相连，大多交错。腹面除环纹外其余部分为橘红色或橙黄色。年老个体背的色斑较模糊，体侧及腹面的仍清晰可辨。

中国特有种。分布于浙江、上海、江苏、安徽、江西、福建、台湾、广东、海南、广西、湖南、湖北、四川。

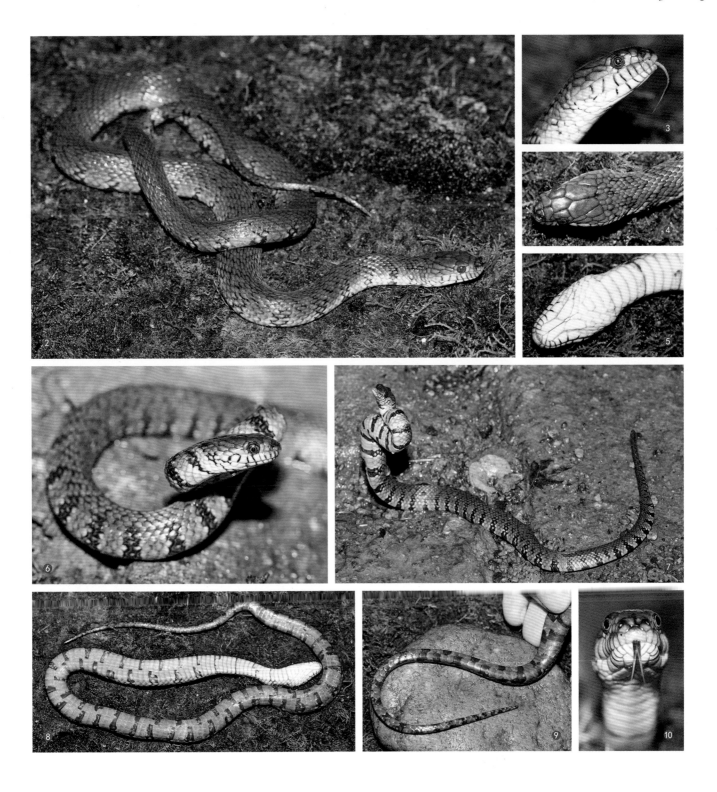

① 唇鳞间具黑色细竖纹 / 产地安徽　　② 产地安徽

③ 产地安徽

④ 产地安徽

⑤ 颔片白色 / 产地安徽

⑥ 幼体，体侧黑横纹较清晰，横纹间橘红色 / 产地安徽

⑦ 幼体 / 产地安徽

⑧ 腹面除环纹外其余部分为橘红色 / 产地安徽

⑨ 产地安徽

⑩ 产地安徽

横纹华游蛇

Trimerodytes balteatus Cope, 1895

• Banded stream snake

中小型水栖无毒蛇。头、颈可区分。鼻孔背侧位。前额鳞单枚，纺锤形。头背具灰黑色粗大横纹，唇鳞鳞沟黑色，顶鳞鳞沟两侧具1对米黄色顶斑。头腹米黄色。体、尾背面棕红色或棕黄色，具32—54+13—28组环纹，每组由2条粗黑纹夹1条细黄纹构成，环围至腹面时，中间的细黄纹消失。环纹在腹中央偶有相连，大多交错排列。腹面除环纹外其余部分为米黄色。

国内分布于海南、广东、香港、广西、湖南。国外分布于越南。

606

① 前额鳞单枚，同属其他物种前额鳞2枚 / 产地广东　　② 体、尾背面具横斑 / 产地广东

③ 产地不详

④ 产地不详

⑤ 产地不详

⑥ 产地不详

⑦ 体背黑环斑环围至体腹，在腹中部交错或相接 / 产地不详

乌华游蛇

Trimerodytes percarinatus (Boulenger, 1899)

- 白肚水赤链（安徽），白腹游蛇（台湾）
- Chinese water snake

中小型水栖无毒蛇。头、颈可区分。鼻孔背侧位。前额鳞成对。头背橄榄灰色，上唇鳞色稍浅，鳞沟色较深。头腹灰白色。体、尾背面暗橄榄绿色，体侧浅橘红色，具28—40+10—20个不甚明显的黑褐色横纹。腹面前段灰白色无斑，中后段灰褐色，越往后色越深，尾腹黑褐色。随年龄增长，体侧橘红色渐不鲜明，黑褐色横纹亦渐模糊。年长个体背面和体侧瓦灰色，腹面白色，环纹全不显。

国内分布于福建、广东、香港、海南、广西、云南、贵州、四川、重庆、湖北、湖南、江西、安徽、浙江、上海、江苏、山东、河南、陕西、甘肃。国外分布于缅甸、泰国、越南。

① 背鳞具棱 / 产地浙江　　　　　② 体色偏黑个体 / 产地安徽

③ 产地安徽

④ 腹面前段灰白色无斑，中后段灰褐色 / 产地安徽

⑤ 幼体 / 产地海南

⑥ 产地浙江

⑦ 产地浙江

⑧ 产地安徽

⑨ 体、尾背面暗橄榄绿色 / 产地台湾

环纹华游蛇

Trimerodytes aequifasciatus (Barbour, 1908)

• Diamond-back water snake

中小型水栖无毒蛇。头、颈可区分。体型较粗大。鼻孔背侧位。前额鳞成对。头背灰褐色或棕色，上唇鳞色稍浅。头腹灰白色。体、尾背面棕褐色，具17—25+10—13组粗大环纹，每组由2条紫褐色粗横纹夹1条浅色短横纹构成，每组粗横纹在体侧相交，再分叉而达腹中线。从体侧看，每条环纹形成1个"X"形斑。体、尾腹面除环纹外其余部分黄白色。次成体环纹清晰鲜明，随年龄渐大，环纹颜色逐渐变淡。年老个体的背面环纹模糊不清，仅从体侧可看出"X"形斑。

国内分布于海南、广东、香港、广西、云南、贵州、重庆、湖南、江西、福建、浙江。国外分布于老挝、越南。

① 环斑在体侧形成"X"形斑 / 产地广东　② 头背棕色 / 产地香港

③ 产地广东

④ 次成体环斑清晰 / 产地广东

⑤ 产地广东

⑥ 产地广东

⑦ 前颌鳞成对 / 产地广东

⑧ 产地广东

云南华游蛇

Trimerodytes yunnanensis (Rao and Yang, 1998)

• Yunnan water snake

中小型水栖无毒蛇。头、颈可区分。体较粗大。鼻孔背侧位。前额鳞成对。头背灰褐色或棕色，上唇鳞色稍浅。头腹灰白色。体、尾背面棕褐色、浅棕色或棕灰色，具21—32+8—17个粗大环斑，每组由2个黑色横斑夹1个浅色横纹构成，每组黑色横纹在体侧相交，再分叉向腹面延伸，大都横穿腹面，构成环纹。从体侧看，每条环纹形成1个"X"形斑。腹面除环纹外其余部分灰白色。

国内分布于云南。国外分布于泰国、越南。

① 每组环斑由2个黑色横斑夹1个浅色横纹构成 / 产地云南
② 体色偏褐个体 / 产地云南
③ 幼体 / 产地云南

景东华游蛇

Trimerodytes yapingi (Guo, Zhu and Liu, 2019)

Jingdong water snake ·

　　中小型水栖无毒蛇。头部窄长且略扁平，头、颈可区分。体较粗大。鼻孔背侧位。前额鳞成对。头背棕灰色，无斑。头腹淡黄白色。体、尾背面棕灰色，脊部两侧具不规则的黑斑约30个，交错排列或左右相连。靠近腹部的两侧具"V"形斑，前后连缀似断似续的大波浪纹。腹鳞淡黄白色无斑，尾腹灰白色，散布黑斑。

　　国内分布于云南。

① 头部窄长且略扁平。体较粗大 / 产地云南

613

渔游蛇属 *Xenochrophis* Günther, 1864

渔游蛇

Xenochrophis piscator (Schneider, 1799)

• Checkered water-snake

中小型半水栖无毒蛇。头、颈区分明显。鼻间鳞前段较窄，鼻孔背侧位。眼后、下方具2条黑色细线纹分别斜向后下方达上唇缘和口角。颈背具1个尖端向前的倒 "V" 形黑纹，有些个体没有（相似种黄斑渔游蛇，颈背具1个 "V" 形黑纹）。体色变化很大，有橄榄绿色、橄榄棕色、黄褐色、黄灰色、棕色、灰色或黑棕色等。体背色斑也有变化，通常由5—7行深棕色、深灰色或黑色斑点组成，交替形成棋盘状图案，体前段最明显，后段消失；斑点的大小变化亦非常大。喉部和腹面前端亮黄色或橙色，体、尾腹面奶油色或黄棕色，无斑或仅腹侧隐约具短黑纵纹。背鳞19-19-17行，个别21-19-17行或19-19-16行，除最外2—4行外，其余均具棱。

国内分布于云南、广西。国外分布于印度、巴基斯坦、尼泊尔、孟加拉国、缅甸、泰国、老挝。

① 体、尾腹面奶油白色；无黑横纹 / 产地云南
② 体色偏褐个体 / 产地云南
③ 体前半段有斑，后半段无斑 / 产地云南

中小型半水栖无毒蛇。头、颈区分明显。鼻间鳞前段较窄，鼻孔背侧位。眼后、下方具2条黑色细线纹分别斜向后下方达上唇缘和口角。颈背具1个"V"形黑纹（相似种渔游蛇的颈背具1个尖端向前的倒"V"形黑纹）。体色变化很大，有橄榄绿色、橄榄棕色、黄褐色、黄灰色、棕色、灰色或黑棕色等。体背色斑也有变化，通常由6—7行深棕色、深灰色或黑色斑点组成，交替形成格子样图案，体前段最明显。有的个体体色偏暗，格子样色斑几乎不可见。有的个体侧面具鲜红或橙色斑点。腹面黄白色，腹鳞和尾下鳞游离端鳞缘色深，具黑白相间的横纹（相似种渔游蛇腹面颜色较均匀）。背鳞19-19-17行，前段弱棱，后段强棱。

国内分布于香港、广东、澳门、海南、广西、云南、贵州、西藏、福建、台湾、湖南、湖北、江西、浙江、安徽、江苏、陕西。国外分布于缅甸、泰国、越南、老挝、柬埔寨、马来西亚、新加坡。

黄斑渔游蛇

Xenochrophis flavipunctatus (Hallowell, 1860)

虎红槽蛇（福建、台湾），草花蛇、·
千布花甲（台湾），小黄蛇（云南），
鱼蛇、水草蛇（台湾、浙江）
Yellow-spotted water-snake ·

① 体色偏绿略带红色个体 / 产地香港

② 体色偏棕黄个体 / 产地广东

③ 眼后、下方具2条黑色细线纹 / 产地不详

④ 产地不详

⑤ 产地不详

⑥ 产地不详

⑦ 腹面呈现黑白相间的横纹 / 产地不详

⑧ 产地福建
⑨ 产地广东
⑩ 鼻间鳞前段较窄，鼻孔背侧位。颈背具1个"V"形黑纹 / 产地不详
⑪ 产地浙江
⑫ 体色偏黄个体 / 产地广东
⑬ 体色偏褐个体 / 产地香港

乌梢蛇

Zaocys dhumnades (Cantor, 1842)

- 过山刀、台湾鼠蛇、乌凤蛇、黄凤蛇
  （台湾）、麻辫长虫（安徽）、乌蛇、
  过山风、乌凤蛇（安徽、江西）

- **Big-eyed ratsnake**

中大型无毒蛇。眼大，瞳孔圆形。背鳞行数为偶数，16—16—14行，中央2—4行具强棱（俗称"剑脊"）。头背褐色，上唇色较浅，皆无斑。下唇及头腹黄白色。体、尾背面绿褐色，背脊突起，背鳞鳞缘色黑，形成体背的黑色网纹。背部具4条黑色纵纹，2条在背脊两侧，2条在体侧，体中段以后黑色纵纹不甚清晰。体、尾腹面污白色。幼蛇通身鲜绿色，4条黑色纵纹贯穿体尾，随着年龄增长，体色渐变黄褐色或灰褐色，黑色纵纹体前段仍清晰可见，后段则变模糊不清甚至消失。

国内分布于浙江、上海、江苏、安徽、江西、福建、台湾、广东、广西、云南、贵州、四川、重庆、湖南、湖北、河南、山西、陕西、甘肃、河北、天津、北京。国外分布于越南。

① 眼大，瞳孔圆形 / 产地安徽
② 体前段背部具4条黑色纵纹 / 产地安徽
③ 背鳞鳞缘色黑，形成体背的黑色网纹 / 产地安徽
④ 幼蛇通身鲜绿色 / 产地台湾
⑤ 产地安徽
⑥ 腹面污白色 / 产地安徽
⑦ 上唇浅褐色，下唇白色，皆无斑 / 产地安徽
⑧ 背鳞偶数行，具强棱，俗称"剑脊" / 产地安徽

黑线乌梢蛇

Zaocys nigromarginatus (Blyth, 1855)

• 金脊乌风蛇

• **Green ratsnake**

中大型无毒蛇。眼大，瞳孔圆形。背鳞行数为偶数，16-16-14行，中央4—6行具强棱。头背及上唇黄绿色无斑，下唇及头腹白色。体、尾背面绿色、体中段以后具4条黑色纵纹，2条在背脊两侧，2条在体侧。体、尾腹面浅黄绿色，两侧颜色稍深。幼蛇通身鲜绿色，体前段具4条由黑色点斑前后连缀成的纵列，到体中段以后连成纵纹。

国内分布于云南、贵州、四川、西藏。国外分布于印度、尼泊尔、不丹、孟加拉国、缅甸、泰国、越南。

① 眼大，瞳孔圆形 / 产地云南
② 背鳞中央4—6行具强棱 / 产地云南
③ 头背及上唇黄绿色无斑，下唇及头腹白色 / 产地云南

④ 体、尾背面绿色 / 产地云南

⑤ 产地云南

⑥ 产地云南

⑦ 体中段以后及尾背具4条黑色纵纹 / 产地云南

⑧ 白色长圆形卵粘连 / 产地云南

⑨ 幼蛇通身鲜绿色 / 产地云南

623

黑网乌梢蛇

Zaocys carinatus (Günther, 1858)

• Keeled ratsnake

　　大型无毒蛇。眼大，瞳孔圆形。背鳞行数为偶数，18-16-12行，体前段中央2行起棱，中段以后4行起棱，中央2行棱强。头背棕黄色，上唇色较浅，皆无斑。下唇及头腹白色。体、尾背面棕黄色，体前段背鳞间皮肤或白或黑，隐约可见不规则的黑白细网纹。体中段部分背鳞鳞缘色黑，连缀成不规则的黑网纹。体后段及尾背两边各具3条较规则的黑纵纹，纵纹间常以黑色短横纹相连，形成黑网纹。尾背的黑色短横纹规则排列，"网孔"呈现为规则排列的黄色点。体、尾腹面黄白色。亦有通身背面黑色个体，腹面为灰黑色。

　　国内分布于云南。国外分布于印度尼西亚、菲律宾、马来西亚、新加坡、泰国、柬埔寨、越南、老挝、缅甸。

① 体后段及尾背具黑纵纹和黑网纹 / 产地云南
② 受惊扰时颈部侧扁，露出浅色皮肤 / 产地云南
③ 头背棕黄色，上唇色较浅，皆无斑 / 产地不详
④ 下唇及头腹白色 / 产地不详
⑤ 产地不详
⑥ 体色偏黑个体 / 产地云南

附录1 主要参考文献 /

1. 蔡波，王跃招，陈跃英，2015. 中国爬行纲动物分类厘定[J]. 生物多样性，23(3)：365-382.

2. 车静，蒋珂，颜芳，2020. 西藏两栖爬行动物——多样性与进化[M]. 北京：科学出版社.

3. 陈壁辉，1991. 安徽两栖爬行动物志[M]. 合肥：安徽科学技术出版社.

4. GUMPRECHT A, TILLACK F, ORLOV N L, et al., 2004. Asian pitvipers[M]. Berlin：Berlin Geitje Books.

5. 胡淑琴，1962. 中国动物图谱：爬行动物[M]. 北京：科学出版社.

6. HUANG R Y, PENG L F, YU L, et al., 2021. A new species of the genus Achalinus from Huangshan, Anhui, China (Squamata: Xenodermidae) [J]. Asian Herpetological Research, 12(2)：178-187.

7. 季达明，1987. 辽宁动物志：两栖类爬行类[M]. 沈阳：辽宁科学技术出版社.

8. 江志纬，曾志明，2013. 自然生活记趣：台湾蛇类特辑[M]. 台北：印斐纳褆国际精品有限公司.

9. 李丕鹏，赵尔宓，董丙君，2010. 西藏两栖爬行动物[M]. 北京：科学出版社.

10. LI J N, LANG D, WANG Y Y, et al., 2020. A Large-scale Systematic Framework of Chinese Snakes Based on a Unified Multilocus Marker System. Molecular Phylogenetics and Evolution [published online ahead of print, 2020 Apr 5]. 148：106807. doi:10.1016/j.ympev.2020.106807.

11. 黎振昌，肖智，刘少容，2011. 广东两栖动物和爬行动物[M]. 广州：广东科技出版社.

12. PENG L F, LU C H, HUANG S, et al., 2014. A new species of the genus Thermophis (Serpentes: Colubridae) from Shangri-la, Northern Yunnan, China, with a proposal for an eclectic rule for species delimitation [J]. Asian Herpetological Research, 5(4)：228-239.

13. 齐硕，2019. 常见爬行动物野外识别手册[M]. 重庆：重庆大学出版社.

14. 沈猷慧，叶贻云，邓学建，2014. 湖南动物志：爬行纲[M]. 长沙：湖南科学技术出版社.

15. 史海涛，赵尔宓，王力军，2011. 海南两栖爬行动物志[M]. 北京：科学出版社.

16. 王剀，任金龙，陈宏满，等，2020．中国两栖、爬行动物更新名录[J]．生物多样性，28(02)：87-116.

17. 伍律，1985．贵州爬行类志[M]．贵阳：贵州人民出版社.

18. 向高世，李鹏翔，杨懿如，2009．台湾两栖爬行类图鉴[M]．台北：猫头鹰出版社.

19. 旭日干，2001．内蒙古动物志：第二卷（两栖纲爬行纲）[M]．呼和浩特：内蒙古大学出版社.

20. 杨大同，饶定齐，2008．云南两栖爬行动物[M]．昆明：云南科技出版社.

21. 姚崇勇，龚大洁，2012．甘肃两栖爬行动物[M]．兰州：甘肃科学技术出版社.

22. 张鹏，2005．新疆两栖爬行动物[M]．乌鲁木齐：新疆科学技术出版社.

23. 张荣祖，1999．中国动物地理[M]．北京：科学出版社.

24. 张玉霞，2009．广西爬行动物[M]．桂林：广西师范大学出版社.

25. 赵尔宓，1993．拉汉英两栖爬行动物名称[M]．北京：科学出版社.

26. 赵尔宓，2003．四川爬行类原色图鉴[M]．北京：中国林业出版社.

27. 赵尔宓，2006．中国蛇类：上卷[M]．合肥：安徽科学技术出版社.

28. 赵尔宓，2006．中国蛇类：下卷[M]．合肥：安徽科学技术出版社.

29. 赵尔宓，黄美华，宗愉，1998．中国动物志：第三卷（爬行纲）[M]．北京：科学出版社.

30. 赵尔宓，杨大同，1997．横断山区两栖爬行动物[M]．北京：科学出版社.

31. 赵文阁，2008．黑龙江省两栖爬行动物志[M]．北京：科学出版社.

32. 浙江动物志委员会，1990．浙江动物志：两栖类爬行类[M]．杭州：浙江科学技术出版社.

蛇亚目 Serpentes

Ⅰ 盲蛇科 Typhlopidae

（1）东南亚盲蛇属 *Argyrophis* Gray, 1845
1. 大盲蛇 *Argyrophis diardii* (Schlegel, 1839)
2. 恒春盲蛇 *Argyrophis koshunensis* (Oshima, 1916)

（2）印度盲蛇属 *Indotyphlops* Hedges, Marion, Lipp, Marin and Vidal, 2014
3. 钩盲蛇 *Indotyphlops braminus* (Daudin, 1803)
4. 白头钩盲蛇 *Indotyphlops albiceps* (Boulenger, 1898)
5. 香港盲蛇 *Indotyphlops lazelli* (Wallach and Pauwels, 2004)

Ⅱ 蚺科 Boidae

（3）沙蚺属 *Eryx* Daudin, 1803
6. 红沙蚺 *Eryx miliaris* (Pallas, 1773)

Ⅲ 筒蛇科 Cylindrophiidae

（4）筒蛇属 *Cylindrophis* Wagler, 1828
7. 乔迪筒蛇 *Cylindrophis jodiae* Amarasinghe, Ineich, Campbell and Hallermann, 2015

Ⅳ 闪鳞蛇科 Xenopeltidae

（5）闪鳞蛇属 *Xenopeltis* Reinwardt, 1827
8. 闪鳞蛇 *Xenopeltis unicolor* Reinwardt, 1827
9. 海南闪鳞蛇 *Xenopeltis hainanensis* Hu and Zhao, 1972

Ⅴ 蟒科 Pythonidae

（6）蟒属 *Python* Daudin, 1803
10. 蟒 *Python bivittatus* Kuhl, 1820

Ⅵ 瘰鳞蛇科 Acrochordidae

（7）瘰鳞蛇属 *Acrochordus* Hornstedt, 1787
11. 瘰鳞蛇 *Acrochordus granulatus* (Schneider, 1799)

Ⅶ 闪皮蛇科 Xenodermidae

（8）脊蛇属 *Achalinus* Peters, 1869

12. 黑脊蛇 *Achalinus spinalis* Peters, 1869

13. 棕脊蛇 *Achalinus rufescens* Boulenger, 1888

14. 台湾脊蛇 *Achalinus formosanus* Boulenger, 1908

15. 阿里山脊蛇 *Achalinus niger* Maki, 1931

16. 青脊蛇 *Achalinus ater* Bourret, 1937

17. 美姑脊蛇 *Achalinus meiguensis* Hu and Zhao, 1966

18. 海南脊蛇 *Achalinus hainanus* Huang, 1975

19. 井冈山脊蛇 *Achalinus jinggangensis* (Zong and Ma, 1983)

20. 云开脊蛇 *Achalinus yunkaiensis* Wang, Li and Wang, 2019

21. 越北脊蛇 *Achalinus emilyae* Ziegler, Nguyen, Pham, Nguyen, Pham, Van Schingen, Nguyen and Le, 2019

22. 屏边脊蛇 *Achalinus pingbianensis* Li, Yu, Wu, Liao, Tang, Liu and Guo, 2020

23. 黄家岭脊蛇 *Achalinus huangjietangi* Huang, Peng and Huang, 2021

24. 攀枝花脊蛇 *Achalinus panzhihuaensis* Hou, Wang, Guo, Chen, Yuan and Che, 2021

25. 杨氏脊蛇 *Achalinus yangdatongi* Hou, Wang, Guo, Chen, Yuan and Che, 2021

（9）拟须唇蛇属 *Parafimbrios* Teynié, David, Lottier, Le, Vidal and Nguyen, 2015

26. 老挝拟须唇蛇 *Parafimbrios lao* Teynié, David, Lottier, Le, Vidal and Nguyen, 2015

Ⅷ 钝头蛇科 Pareidae

（10）钝头蛇属 *Pareas* Wagler, 1830

27. 棱鳞钝头蛇 *Pareas carinatus* Wagler, 1830

28. 喜山钝头蛇 *Pareas monticola* (Cantor, 1839)

29. 横纹钝头蛇 *Pareas margaritophorus* (Jan, 1866)

30. 横斑钝头蛇 *Pareas macularius* Theobald, 1868

31. 安氏钝头蛇 *Pareas andersonii* Boulenger, 1888

32. 缅甸钝头蛇 *Pareas hamptoni* (Boulenger, 1905)

33. 台湾钝头蛇 *Pareas formosensis* (Van Denburgh, 1909)

34. 中国钝头蛇 *Pareas chinensis* (Barbour, 1912)

35. 福建钝头蛇 *Pareas stanleyi* (Boulenger, 1914)

36. 平鳞钝头蛇 *Pareas boulengeri* (Angel, 1920)

37. 黑钝头蛇 *Pareas niger* Pope, 1928

38. 阿里山钝头蛇 *Pareas komaii* (Maki, 1931)

39. 黑顶钝头蛇 *Pareas nigriceps* Guo and Deng, 2009

40. 泰雅钝头蛇 *Pareas atayal* You, Poyarkov and Lin, 2015

41. 伯仲钝头蛇 *Pareas geminatus* Ding, Chen, Suwannapoom, Nguyen, Pogarkov and Vogel, 2020

42. 勐腊钝头蛇 *Pareas menglaensis* Wang, Che, Liu, Li, Jin, Jiang, Shi and Guo, 2020

43. 雪林钝头蛇 *Pareas xuelinensis* Liu and Rao, 2021

Ⅸ 蝰科 Viperidae

（11）白头蝰属 *Azemiops* Boulenger, 1888

44. 黑头蝰 *Azemiops feae* Boulenger, 1888

45. 白头蝰 *Azemiops kharini* Orlov, Ryabov and Nguyen, 2013

（12）圆斑蝰属 *Daboia* Gray, 1842

46. 泰国圆斑蝰 *Daboia siamensis* (Smith, 1917)

（13）尖吻蝮属 *Deinagkistrodon* Gloyd, 1979

47. 尖吻蝮 *Deinagkistrodon acutus* (Günther, 1888)

（14）亚洲蝮属 *Gloydius* Hoge and Romano-Hoge, 1981

48. 哈里斯蝮 *Gloydius halys* (Pallas, 1776)

49. 中介蝮 *Gloydius intermedius* (Strauch, 1868)

50. 短尾蝮 *Gloydius brevicaudus* (Stejneger, 1907)

51. 高原蝮 *Gloydius strauchi* (Bedriaga, 1912)

52. 雪山蝮 *Gloydius monticola* (Werner, 1922)

53. 乌苏里蝮 *Gloydius ussuriensis* (Emelianov, 1929)

54. 华北蝮 *Gloydius stejnegeri* (Rendahl, 1933)

55. 阿拉善蝮 *Gloydius cognatus* (Gloyd, 1977)

56. 蛇岛蝮 *Gloydius shedaoensis* (Zhao, 1979)

57. 秦岭蝮 *Gloydius qinlingensis* (Song and Chen, 1985)

58. 六盘山蝮 *Gloydius liupanensis* Liu, Song and Luo, 1989

59. 庙岛蝮 *Gloydius lijianlii* Jiang and Zhao, 2009

60. 红斑高山蝮 *Gloydius rubromaculatus* Shi, Li and Liu, 2017

61. 若尔盖蝮 *Gloydius angusticeps* Shi, Yang, Huang, Orlov and Li, 2018

62. 澜沧蝮 *Gloydius huangi* Wang, Ren, Dong, Jiang, Siler and Che, 2019

（15）烙铁头蛇属 *Ovophis* Burger, 1981

63. 山烙铁头蛇 *Ovophis monticola* (Günther, 1864)

64. 台湾烙铁头蛇 *Ovophis makazayazaya* (Takahashi, 1922)

65. 越南烙铁头蛇 *Ovophis tonkinensis* (Bourrt, 1934)

66. 察隅烙铁头蛇 *Ovophis zayuensis* (Jiang, 1977)

（16）原矛头蝮属 *Protobothrops* Hoge and Romano-Hoge, 1983

67. 原矛头蝮 *Protobothrops mucrosquamatus* (Cantor, 1839)

68. 菜花原矛头蝮 *Protobothrops jerdonii* (Günther, 1875)

69. 角原矛头蝮 *Protobothrops cornutus* (Smith, 1930)

70. 缅北原矛头蝮 *Protobothrops kaulbacki* (Smith, 1940)

71. 乡城原矛头蝮 *Protobothrops xiangchengensis* (Zhao, Jiang and Huang, 1978)

72. 莽山原矛头蝮 *Protobothrops mangshanensis* (Zhao, 1990)

73. 越北原矛头蝮 *Protobothrops trungkhanensis* Orlov, Ryabov and Nguyen, 2009

74. 茂兰原矛头蝮 *Protobothrops maolanensis* Yang, Orlov and Wang, 2011

75. 大别山原矛头蝮 *Protobothrops dabieshanensis* Huang, Pan, Han, Zhang, Hou, Yu, Zheng and Zhang, 2012

76. 喜山原矛头蝮 *Protobothrops himalayanus* Pan, Chettri, Yang, Jiang, Wang, Zhang and Vogel, 2013

（17）竹叶青蛇属 *Trimeresurus* Lacépède, 1804

77. 白唇竹叶青蛇 *Trimeresurus (Trimeresurus) albolabris* Gray, 1842

78. 台湾竹叶青蛇 *Trimeresurus (Trimeresurus) gracilis* Ôshima, 1920

79. 福建竹叶青蛇 *Trimeresurus (Viridovipera) stejnegeri* Schmidt, 1925

80. 云南竹叶青蛇 *Trimeresurus (Viridovipera) yunnanensis* Schmidt, 1925

81. 坡普竹叶青蛇 *Trimeresurus (Popeia) popeiorum* Smith, 1937

82. 墨脱竹叶青蛇 *Trimeresurus (Viridovipera) medoensis* Zhao, 1977

83. 西藏竹叶青蛇 *Trimeresurus (Himalayophis) tibetanus* Huang, 1982

84. 冈氏竹叶青蛇 *Trimeresurus (Viridovipera) gumprechti* David, Vogel, Pauwels and Vidal, 2002

85. 四川华蝮 *Trimeresurus (Sinovipera) sichuanensis* (Guo and Wang, 2011)

86. 藏南竹叶青蛇 *Trimeresurus (Himalayophis) arunachalensis* Captain, Deepak, Pandit, Bhatt and Athreya, 2019

87. 盈江竹叶青蛇 *Trimeresurus (Popeia) yingjiangensis* Chen, Ding, Shi and Zhang, 2019

88. 饰尾竹叶青蛇 *Trimeresurus (Trimeresurus) caudornatus* Chen, Ding, Vogel and Shi, 2020

89. 错那竹叶青蛇 *Trimeresurus (Trimeresurus) salazar* Mirza, Bhosale, Phansalkar, Sawant, Gowande and Patel, 2020

90. 滇南竹叶青蛇 *Trimeresurus (Trimeresurus) guoi* Chen, Shi, Vogel and Ding, 2021

（18）蝰属 *Vipera* Laurenti, 1768

91. 极北蝰 *Vipera berus* (Linnaeus, 1758)

92. 东方蝰 *Vipera renardi* (Christoph, 1861)

Ⅹ 水蛇科 **Homalopsidae**

（19）铅色蛇属 *Hypsiscopus* Fitzinger, 1843

93. 铅色水蛇 *Hypsiscopus plumbea* (Boie, 1827)

（20）沼蛇属 *Myrrophis* Kumar, Sanders, George and Murphy, 2012

94. 黑斑水蛇 *Myrrophis bennettii* (Gray, 1842)

95. 中国水蛇 *Myrrophis chinensis* (Gray, 1842)

（21）腹斑蛇属 *Subsessor* Murphy and Voris, 2014

96. 腹斑水蛇 *Subsessor bocourti* (Jan, 1865)

Ⅺ 屋蛇科 **Lamprophiidae**

（22）紫沙蛇属 *Psammodynastes* Günther, 1858

97. 紫沙蛇 *Psammodynastes pulverulentus* (Boie, 1827)

（23）花条蛇属 *Psammophis* Boie, 1826

98. 花条蛇 *Psammophis lineolatus* (Brandt, 1838)

99. 吐鲁番花条蛇 *Psammophis turpanensis* Chen, Liu, Cai, Li, Wu and Guo, 2021

Ⅻ 眼镜蛇科 **Elapidae**

（24）环蛇属 *Bungarus* Daudin, 1803

100. 金环蛇 *Bungarus fasciatus* (Schneider, 1801)

101. 环蛇 *Bungarus bungaroides* (Cantor, 1839)

102. 银环蛇 *Bungarus multicinctus* Blyth, 1861

103. 黑环蛇 *Bungarus niger* Wall, 1908

104. 云南环蛇 *Bungarus wanghaotingi* Pope, 1928

105. 素贞环蛇 *Bungarus suzhenae* Chen, Shi, Vogel, Ding and Shi, 2021

（25）龟头海蛇属 *Emydocephalus* Krefft, 1869
106. 龟头海蛇 *Emydocephalus ijimae* Stejneger, 1898

（26）海蛇属 *Hydrophis* Latreille, 1801
107. 长吻海蛇 *Hydrophis platurus* (Linnaeus, 1766)
108. 环纹海蛇 *Hydrophis fasciatus* (Schneider, 1799)
109. 青灰海蛇 *Hydrophis caerulescens* (Shaw, 1802)
110. 平颏海蛇 *Hydrophis curtus* (Shaw, 1802)
111. 小头海蛇 *Hydrophis gracilis* (Shaw, 1802)
112. 青环海蛇 *Hydrophis cyanocinctus* Daudin, 1803
113. 淡灰海蛇 *Hydrophis ornatus* (Gray, 1842)
114. 棘鳞海蛇 *Hydrophis stokesii* (Gray, 1846)
115. 截吻海蛇 *Hydrophis jerdonii* (Gray, 1849)
116. 黑头海蛇 *Hydrophis melanocephalus* Gray, 1849
117. 海蝰 *Hydrophis viperinus* (Schmidt, 1852)
118. 棘眦海蛇 *Hydrophis peronii* (Duméril, 1853)

（27）扁尾海蛇属 *Laticauda* Laurenti, 1768
119. 扁尾海蛇 *Laticauda laticaudata* (Linnaeus, 1758)
120. 蓝灰扁尾海蛇 *Laticauda colubrina* (Schneider, 1799)
121. 半环扁尾海蛇 *Laticauda semifasciata* (Reinwardt, 1837)

（28）眼镜蛇属 *Naja* Laurenti, 1768
122. 孟加拉眼镜蛇 *Naja kaouthia* Lesson, 1831
123. 舟山眼镜蛇 *Naja atra* Cantor, 1842

（29）眼镜王蛇属 *Ophiophagus* Günther, 1864
124. 眼镜王蛇 *Ophiophagus hannah* (Cantor, 1836)

（30）中华珊瑚蛇属 *Sinomicrurus* Slowinski, Boundy and Lawson, 2001
125. 中华珊瑚蛇 *Sinomicrurus macclellandi* (Reinhardt, 1844)
126. 梭德氏华珊瑚蛇 *Sinomicrurus sauteri* (Steindachner, 1913)
127. 福建华珊瑚蛇 *Sinomicrurus kelloggi* (Pope, 1928)
128. 羽鸟氏华珊瑚蛇 *Sinomicrurus hatori* (Takahashi, 1930)
129. 海南华珊瑚蛇 *Sinomicrurus houi* Wang, Peng and Huang, 2018
130. 广西华珊瑚蛇 *Sinomicrurus peinani* Liu, Yan, Hou, Wang, Nguyen, Murphy, Che and Guo, 2020

XIII 游蛇科 Colubridae

（31）瘦蛇属 *Ahaetulla* Link, 1807
131. 绿瘦蛇 *Ahaetulla prasina* (Boie, 1827)

（32）腹链蛇属 *Amphiesma* Duméril, Bibron and Duméril, 1854
132. 草腹链蛇 *Amphiesma stolatum* (Linnaeus, 1758)

（33）白眶蛇属 *Amphiesmoides* Malnate, 1961
133. 白眶蛇 *Amphiesmoides ornaticeps* (Werner, 1924)

（34）方花蛇属 *Archelaphe* Schulz, Böhme and Tillack, 2011
134. 方花蛇 *Archelaphe bella* (Stanley, 1917)

（35）滇西蛇属 *Atretium* Cope, 1861
135. 滇西蛇 *Atretium yunnanensis* Anderson, 1879

（36）珠光蛇属 *Blythia* Theobald, 1868
136. 珠光蛇 *Blythia reticulata* (Blyth, 1854)

（37）林蛇属 *Boiga* Fitzinger, 1826
137. 繁花林蛇 *Boiga multomaculata* (Boie, 1827)
138. 绿林蛇 *Boiga cyanea* (Duméril, Bibron and Duméril, 1854)
139. 绞花林蛇 *Boiga kraepelini* Stejneger, 1902
140. 广西林蛇 *Boiga guangxiensis* Wen, 1998

（38）两头蛇属 *Calamaria* Boie, 1827
141. 尖尾两头蛇 *Calamaria pavimentata* Duméril, Bibron and Duméril, 1854
142. 钝尾两头蛇 *Calamaria septentrionalis* Boulenger, 1890
143. 云南两头蛇 *Calamaria yunnanensis* Chernov, 1962
144. 盈江两头蛇 *Calamaria andersoni* Yang and Zheng, 2018

（39）金花蛇属 *Chrysopelea* Boie, 1826
145. 金花蛇 *Chrysopelea ornata* (Shaw, 1802)

（40）颌腔锦蛇属 *Coelognathus* Fitzinger, 1843
146. 三索锦蛇 *Coelognathus radiatus* (Boie, 1827)

（41）翠青蛇属 *Cyclophiops* Boulenger, 1888
147. 翠青蛇 *Cyclophiops major* (Günther, 1858)
148. 纯绿翠青蛇 *Cyclophiops doriae* Boulenger, 1888
149. 横纹翠青蛇 *Cyclophiops multicinctus* (Roux, 1907)

（42）过树蛇属 *Dendrelaphis* Boulenger, 1890
150. 过树蛇 *Dendrelaphis pictus* (Gmelin, 1789)
151. 八莫过树蛇 *Dendrelaphis subocularis* (Boulenger, 1888)
152. 喜山过树蛇 *Dendrelaphis biloreatus* Wall, 1908
153. 蓝绿过树蛇-银山过树蛇复合体 *Dendrelaphis cyanochloris-ngansonensis* complex
154. 香港过树蛇 *Dendrelaphis hollinrakei* Lazell, 2002
155. 沃氏过树蛇 *Dendrelaphis vogeli* Jiang, Guo, Ren and Li, 2020

（43）锦蛇属 *Elaphe* Fitzinger, 1833
156. 白条锦蛇 *Elaphe dione* (Pallas, 1773)
157. 南峰锦蛇 *Elaphe hodgsonii* (Günther, 1860)
158. 黑眉锦蛇 *Elaphe taeniura* Cope, 1861
159. 王锦蛇 *Elaphe carinata* (Günther, 1864)
160. 棕黑锦蛇 *Elaphe schrenckii* (Strauch, 1873)
161. 团花锦蛇 *Elaphe davidi* (Sauvage, 1884)
162. 百花锦蛇 *Elaphe moellendorffi* (Boettger, 1886)
163. 坎氏锦蛇 *Elaphe cantoris* (Boulenger, 1894)
164. 赤峰锦蛇 *Elaphe anomala* (Boulenger, 1916)

165. 双斑锦蛇 *Elaphe bimaculata* Schmidt, 1925

166. 若尔盖锦蛇 *Elaphe zoigeensis* Huang, Ding, Burbrink, Yang, Huang, Ling, Chen and Zhang, 2012

167. 秦皇锦蛇 *Elaphe xiphodonta* Qi, Shi, Ma, Gao, Bu, Grismer, Li and Wang, 2021

（44）**玉斑锦蛇属** *Euprepiophis* Fitzinger, 1843

168. 玉斑锦蛇 *Euprepiophis mandarinus* (Cantor, 1842)

169. 横斑锦蛇 *Euprepiophis perlaceus* (Stejneger, 1929)

（45）**树锦蛇属** *Gonyosoma* Wagler, 1828

170. 灰腹绿锦蛇 *Gonyosoma frenatum* (Gray, 1853)

171. 尖喙蛇 *Gonyosoma boulengeri* (Mocquard, 1897)

172. 蓝眼绿锦蛇 *Gonyosoma coeruleum* Liu, Hou, Lwin, Wang and Rao, 2021

173. 海南尖喙蛇 *Gonyosoma hainanense* Peng, Zhang, Huang, Burbrink and Wang, 2021

（46）**东亚腹链蛇属** *Hebius* Thompson, 1913

174. 东亚腹链蛇 *Hebius vibakari* (Boie, 1826)

175. 腹斑腹链蛇 *Hebius modestum* (Günther, 1875)

176. 卡西腹链蛇 *Hebius khasiense* (Boulenger, 1890)

177. 锈链腹链蛇 *Hebius craspedogaster* (Boulenger, 1899)

178. 八线腹链蛇 *Hebius octolineatus* (Boulenger, 1904)

179. 棕网腹链蛇 *Hebius johannis* (Boulenger, 1908)

180. 棕黑腹链蛇 *Hebius sauteri* (Boulenger, 1909)

181. 黑带腹链蛇 *Hebius bitaeniatus* (Wall, 1925)

182. 克氏腹链蛇 *Hebius clerki* (Wall, 1925)

183. 坡普腹链蛇 *Hebius popei* (Schmidt, 1925)

184. 台北腹链蛇 *Hebius miyajimae* (Maki, 1931)

185. 无颞鳞腹链蛇 *Hebius atemporalis* (Bourret, 1934)

186. 沙坝腹链蛇 *Hebius chapaensis* (Bourret, 1934)

187. 白眉腹链蛇 *Hebius boulengeri* (Gressitt, 1937)

188. 丽纹腹链蛇 *Hebius optatus* (Hu and Zhao, 1966)

189. 瓦屋山腹链蛇 *Hebius metusia* (Inger, Zhao, Shaffer and Wu, 1990)

190. 盐边腹链蛇 *Hebius yanbianensis* Liu, Zhong, Wang, Liu and Guo, 2018

191. 泪纹腹链蛇 *Hebius lacrima* Purkayastha and David, 2019

192. 桑植腹链蛇 *Hebius sangzhiensis* Zhou, Qi, Lu, Lyu and Li, 2019

193. 火纹腹链蛇 *Hebius igneus* David, Vogel, Nguyen, Orlov, Pauwels, Teynié and Ziegler, 2021

（47）**秘纹游蛇属** *Hemorrhois* Boie, 1826

194. 花脊游蛇 *Hemorrhois ravergieri* (Ménétries, 1832)

（48）**喜山腹链蛇属** *Herpetoreas* Günther, 1860

195. 平头腹链蛇 *Herpetoreas platyceps* (Blyth, 1855)

196. 察隅腹链蛇 *Herpetoreas burbrinki* Guo, Zhu, Liu, Zhang, Li, Huang and Pyron, 2014

（49）**滑鳞蛇属** *Liopeltis* Fitzinger, 1843

197. 滑鳞蛇 *Liopeltis frenatus* (Günther, 1858)

（50）**白环蛇属** *Lycodon* Boie, 1826

198. 白环蛇 *Lycodon aulicus* (Linnaeus, 1758)

199. 细白环蛇 *Lycodon subcinctus* Boie, 1827

200. 赤链蛇 *Lycodon rufozonatus* Cantor, 1842

201. 老挝白环蛇 *Lycodon laoensis* Günther, 1864

202. 白链蛇 *Lycodon septentrionalis* (Günther, 1875)

203. 草绿链蛇 *Lycodon gammiei* (Blanford, 1878)

204. 双全白环蛇 *Lycodon fasciatus* (Anderson, 1879)

205. 黑背白环蛇 *Lycodon ruhstrati* (Fischer, 1886)

206. 黄链蛇 *Lycodon flavozonatus* (Pope, 1928)

207. 福清白环蛇 *Lycodon futsingensis* (Pope, 1928)

208. 沙坝白环蛇 *Lycodon chapaensis* (Angel and Bourret, 1933)

209. 南方链蛇 *Lycodon meridionalis* (Bourret, 1935)

210. 粉链蛇 *Lycodon rosozonatus* (Hu and Zhao, 1972)

211. 横纹白环蛇 *Lycodon multizonatus* (Zhao and Jiang, 1981)

212. 东川白环蛇 *Lycodon synaptor* Vogel and David, 2010

213. 贡山白环蛇 *Lycodon gongshan* Vogel and Luo, 2011

214. 刘氏白环蛇 *Lycodon liuchengchaoi* Zhang, Jiang, Vogel and Rao, 2011

215. 锦白环蛇 *Lycodon pictus* Janssen, Pham, Ngo, Le, Nguyen and Ziegler, 2019

216. 花坪白环蛇 *Lycodon cathaya* Wang, Qi, Lyu, Zeng and Wang, 2020

217. 察隅链蛇 *Lycodon zayuensis* Jiang, Wang, Jin and Che, 2020

218. 隐士白环蛇 *Lycodon obvelatus* Wang, Yu, Vogel and Che, 2021

219. 锯纹白环蛇 *Lycodon serratus* Wang, Yu, Vogel and Che, 2021

(51) 伪蝮蛇属 *Pseudoagkistrodon* Van Denburgh, 1909

220. 颈棱蛇 *Pseudoagkistrodon rudis* (Boulenger, 1906)

(52) 水游蛇属 *Natrix* Laurenti, 1768

221. 水游蛇 *Natrix natrix* (Linnaeus, 1758)

222. 棋斑水游蛇 *Natrix tessellata* (Laurenti, 1768)

(53) 小头蛇属 *Oligodon* Boie, 1826

223. 喜山小头蛇 *Oligodon albocinctus* (Cantor, 1839)

224. 菱斑小头蛇 *Oligodon catenatus* (Blyth, 1855)

225. 紫棕小头蛇 *Oligodon cinereus* (Günther, 1864)

226. 束纹小头蛇 *Oligodon fasciolatus* (Günther, 1864)

227. 台湾小头蛇 *Oligodon formosanus* (Günther, 1872)

228. 中国小头蛇 *Oligodon chinensis* (Günther, 1888)

229. 饰纹小头蛇 *Oligodon ornatus* Van Denburgh, 1909

230. 泰北小头蛇 *Oligodon joynsoni* (Smith, 1917)

231. 条纹小头蛇 *Oligodon hamptoni* Boulenger, 1918

232. 黑带小头蛇 *Oligodon melanozonatus* Wall, 1922

233. 圆斑小头蛇 *Oligodon lacroixi* Angel and Bourret, 1933

234. 龙胜小头蛇 *Oligodon lungshenensis* Zheng and Huang, 1978

235. 方斑小头蛇 *Oligodon nagao* David, Nguyen, Nguyen, Jiang, Chen, Teynié and Ziegler, 2012

236. 墨脱小头蛇 *Oligodon lipipengi* Jiang, Wang, Li, Ding, Ding and Che, 2020

237. 双线小头蛇 *Oligodon bivirgatus* Qian, Qi, Shi, Lu, Jenkins, Mo and Li, 2021

(54) 滞卵蛇属 *Oocatochus* Helfenberger, 2001

238. 红纹滞卵蛇 *Oocatochus rufodorsatus* (Cantor, 1842)

(55) 后棱蛇属 *Opisthotropis* Günther, 1872

239. 香港后棱蛇 *Opisthotropis andersonii* (Boulenger, 1888)

240. 山溪后棱蛇 *Opisthotropis latouchii* (Boulenger, 1899)

241. 侧条后棱蛇 *Opisthotropis lateralis* Boulenger, 1903

242. 福建后棱蛇 *Opisthotropis maxwelli* Boulenger, 1914

243. 挂墩后棱蛇 *Opisthotropis kuatunensis* Pope, 1928

244. 老挝后棱蛇 *Opisthotropis praemaxillaris* (Angel, 1929)

245. 沙坝后棱蛇 *Opisthotropis jacobi* Angel and Bourret, 1933

246. 广西后棱蛇 *Opisthotropis guangxiensis* Zhao, Jiang and Huang, 1978

247. 莽山后棱蛇 *Opisthotropis cheni* Zhao, 1999

248. 刘氏后棱蛇 *Opisthotropis laui* Yang, Sung and Chan, 2013

249. 深圳后棱蛇 *Opisthotropis shenzhenensis* Wang, Guo, Liu, Lyu, Wang, Luo, Sun and Zhang, 2017

250. 赵氏后棱蛇 *Opisthotropis zhaoermii* Ren, Wang, Jiang, Guo and Li, 2017

251. 海河后棱蛇 *Opisthotropis haihaensis* Ziegler, Pham, Nguyen, Nguyen, Wang, Wang, Stuart and Le, 2019

252. 张氏后棱蛇 *Opisthotropis hungtai* Wang, Lyu, Zeng, Lin, Yang, Nguyen, Le, Ziegler and Wang, 2020

（56）**紫灰锦蛇属** *Oreocryptophis* Utiger, Schätti and Helfenberger, 2005

253. 紫灰锦蛇 *Oreocryptophis porphyraceus* (Cantor, 1839)

（57）**东方游蛇属** *Orientocoluber* Kharin, 2011

254. 黄脊游蛇 *Orientocoluber spinalis* (Peters, 1866)

（58）**颈斑蛇属** *Plagiopholis* Boulenger, 1893

255. 颈斑蛇 *Plagiopholis blakewayi* Boulenger, 1893

256. 缅甸颈斑蛇 *Plagiopholis nuchalis* (Boulenger, 1893)

257. 福建颈斑蛇 *Plagiopholis styani* (Boulenger, 1899)

（59）**扁头蛇属** *Platyceps* Blyth, 1860

258. 红脊扁头蛇 *Platyceps rhodorachis* (Jan, 1863)

（60）**斜鳞蛇属** *Pseudoxenodon* Boulenger, 1890

259. 大眼斜鳞蛇 *Pseudoxenodon macrops* (Blyth, 1855)

260. 纹尾斜鳞蛇 *Pseudoxenodon stejnegeri* Barbour, 1908

261. 横纹斜鳞蛇 *Pseudoxenodon bambusicola* Vogt, 1922

262. 崇安斜鳞蛇 *Pseudoxenodon karlschmidti* Pope, 1928

（61）**鼠蛇属** *Ptyas* Fitzinger, 1843

263. 滑鼠蛇 *Ptyas mucosa* (Linnaeus, 1758)

264. 灰鼠蛇 *Ptyas korros* (Schlegel, 1837)

（62）**颈槽蛇属** *Rhabdophis* Fitzinger, 1843

265. 虎斑颈槽蛇 *Rhabdophis tigrinus* (Boie, 1826)

266. 红脖颈槽蛇 *Rhabdophis subminiatus* (Schlegel, 1837)

267. 黑纹颈槽蛇 *Rhabdophis nigrocinctus* (Blyth, 1856)

268. 喜山颈槽蛇 *Rhabdophis himalayanus* (Günther, 1864)

269. 台湾颈槽蛇 *Rhabdophis swinhonis* (Günther, 1868)

270. 颈槽蛇 *Rhabdophis nuchalis* (Boulenger, 1891)

271. 缅甸颈槽蛇 *Rhabdophis leonardi* (Wall, 1923)

272. 九龙颈槽蛇 *Rhabdophis pentasupralabialis* Jiang and Zhao, 1983

273. 海南颈槽蛇 *Rhabdophis adleri* Zhao, 1997

274. 广东颈槽蛇 *Rhabdophis guangdongensis* Zhu, Wang, Takeuchi and Zhao, 2014

275. 螭吻颈槽蛇 *Rhabdophis chiwen* Chen, Ding, Chen and Piao, 2019

（63）**剑蛇属** *Sibynophis* Fitzinger, 1843

276. 黑领剑蛇 *Sibynophis collaris* (Gray, 1853)

277. 黑头剑蛇 *Sibynophis chinensis* (Günther, 1889)

（64）**溪蛇属** *Smithophis* Giri, Gower, Das, Lalremsanga, Lalronunga, Captain and Deepak, 2019

278. 线纹溪蛇 *Smithophis linearis* Vogel, Chen, Deepak, Gower, Shi, Ding and Hou, 2020

（65）**线形蛇属** *Stichophanes* Wang, Messenger, Zhao and Zhu, 2014

279. 宁陕线形蛇 *Stichophanes ningshaanensis* (Yuan, 1983)

（66）**温泉蛇属** *Thermophis* Malnate, 1953

280. 西藏温泉蛇 *Thermophis baileyi* (Wall, 1907)

281. 四川温泉蛇 *Thermophis zhaoermii* Guo, Liu, Feng and He, 2008

282. 香格里拉温泉蛇 *Thermophis shangrila* Peng, Lu, Huang, Guo and Zhang, 2014

（67）**坭蛇属** *Trachischium* Günther, 1858

283. 山坭蛇 *Trachischium monticola* (Cantor, 1839)

284. 小头坭蛇 *Trachischium tenuiceps* (Blyth, 1855)

285. 耿氏坭蛇 *Trachischium guentheri* Boulenger, 1890

286. 艾氏坭蛇 *Trachischium apteii* Bhosale, Gowande and Mirza, 2019

（68）**华游蛇属** *Trimerodytes* Cope, 1895

287. 赤链华游蛇 *Trimerodytes annularis* (Hallowell, 1856)

288. 横纹华游蛇 *Trimerodytes balteatus* Cope, 1895

289. 乌华游蛇 *Trimerodytes percarinatus* (Boulenger, 1899)

290. 环纹华游蛇 *Trimerodytes aequifasciatus* (Barbour, 1908)

291. 云南华游蛇 *Trimerodytes yunnanensis* (Rao and Yang, 1998)

292. 景东华游蛇 *Trimerodytes yapingi* (Guo, Zhu and Liu, 2019)

（69）**渔游蛇属** *Xenochrophis* Günther, 1864

293. 渔游蛇 *Xenochrophis piscator* (Schneider, 1799)

294. 黄斑渔游蛇 *Xenochrophis flavipunctatus* (Hallowell, 1860)

（70）**乌梢蛇属** *Zaocys* Cope, 1861

295. 乌梢蛇 *Zaocys dhumnades* (Cantor, 1842)

296. 黑线乌梢蛇 *Zaocys nigromarginatus* (Blyth, 1855)

297. 黑网乌梢蛇 *Zaocys carinatus* (Günther, 1858)